JN045991

共通テスト 新課程 攻略問題集

数学 Ⅱ、B、C

教学社

はじめに

『共通テスト新課程攻略問題集』刊行に寄せて

本書は，2025 年 1 月以降に「大学入学共通テスト」（以下，共通テスト）を受験する人のための，基礎からわかる，対策問題集です。

2025 年度の入試から新課程入試が始まります。共通テストにおいても，教科・科目が再編成されますが，2022 年に高校に進学した人は，１年生のうちから既に新課程で学んでいますので，まずは普段の学習を基本にしましょう。

新課程の共通テストで特に重視されるのは，「思考力」です。単に知識があるかどうかではなく，知識を使って考えることができるかどうかが問われます。また，学習の過程を意識した身近な場面設定が多く見られ，複数の資料を読み取るなどの特徴もあります。とは言え，これらの特徴は，2021 年度からの共通テストや，その前身の大学入試センター試験（以下，センター試験）の出題の傾向を引き継ぐ形です。

そこで本書では，必要以上にテストの変化にたじろぐことなく，落ち着いて新課程の対策が始められるよう，大学入試センターから公表された資料等を詳細に分析し，対策に最適な問題を精選しています。そして，初歩から実戦レベルまで，効率よく演習できるよう，分類・配列にも工夫を施しています。早速，本書を開いて，今日から対策を始めましょう！

受験生の皆さんにとって本書が，共通テストへ向けた攻略の着実な一歩となることを願っています。

教学社 編集部

作題・執筆協力　杉原　聡（河合塾講師）
吉田大悟（河合塾講師，兵庫県立大学講師，龍谷大学講師）

もくじ

※大学入試センターからの公開資料等について，本書では下記のように示しています。

・**試作問題**：［新課程］でのテストに向けて，2022 年 11 月に作問の方向性を示すものとして公表されたテスト。

※本書に収載している，共通テストやその試作問題に関する〔正解・配点・平均点〕は，大学入試センターから公表されたものです。

※本書の内容は，2023 年 6 月時点の情報に基づいています。最新情報については，大学入試センターのウェブサイト（https://www.dnc.ac.jp/）等で，必ず確認してください。

本書の特長と使い方

本書は，2025年度以降の共通テストで**「数学Ⅱ，数学B，数学C」**を受験する人のための対策問題集です。この年から，共通テストで出題される内容が新しい学習指導要領（以下「新課程」）に即したものに変わります。それに関して，大学入試センターより発表されている資料を徹底的に分析するとともに，本番に向けて取り組んでおきたい問題を収載し，丁寧に解説しています。

››› 共通テストの基本知識を身につける

「分析と対策」では，新課程における共通テスト「数学Ⅱ，数学B，数学C」の問題について，先立って大学入試センターから発表された，**問題作成方針**や**「試作問題」**から読み取れる特徴を徹底的に分析し，これまで出題されていた共通テストの傾向もふまえ，その対策において重要な点を詳しく解説しています。

››› 分野別の問題演習で実力養成

「分野別の演習」では，学習指導要領の構成に沿って，演習問題とその解説を収載しています。演習問題は，「試作問題」のすべての問題と，これまでの共通テストの過去問の中から有用な問題を精選しています。加えて，試作問題やこれまでの共通テストの傾向を踏まえて独自に作成した，**オリジナル問題**を掲載しています。

››› 本書の活用法

各分野についての演習問題を解くことで，基礎的な力を確認するとともに，共通テストで求められる思考力や読解力を養ってください。1問1問じっくりと解くことで理解を深めましょう。共通テストでは，各分野の総合的な理解が欠かせません。演習の際に知識不足を感じたら，教科書や参考書を用いて知識を再確認してください。さらに演習を重ねたい人は，**過去問集に取り組む**ことをおすすめします。迷わずに正答にたどり着ける実力が養成されていることが実感できるでしょう。

分析と対策

どんな問題が出るの？

2021 年 1 月からスタートした「大学入学共通テスト」は，2025 年 1 月から，新課程に対応した試験となります。大学入試センターから変更点が発表され，変更点にかかわる「試作問題」も 2022 年 11 月 9 日に公表されました。

新課程の共通テストではどんな問題が出題されるのでしょうか？　公表された資料や試作問題の形式を確認しながら，これまでの共通テストとの共通点と相違点を具体的に見ていきましょう。

問題作成方針

共通テストの数学の**「問題作成方針」**は，下記のようになっています。

> 数学の**問題発見・解決の過程**を重視する。事象を数理的に捉え，数学の問題を見いだすこと，解決の見通しをもつこと，目的に応じて**数，式，図，表，グラフなどの数学的な表現**を用いて処理すること，及び**解決過程を振り返り**，得られた結果を意味づけたり，活用したり，統合的・発展的に考察したりすることなどを求める。
>
> 問題の作成に当たっては，数学における**概念や原理を基に考察したり，数学のよさを認識できたりするような題材等**を含め検討する。例えば，**日常生活や社会の事象など様々な事象を数理的に捉え，数学的に処理できる題材，教科書等では扱われていない数学の定理等を既習の知識等を活用しながら導くことのできるような題材**が考えられる。

試作問題を見ても，こうした方針が明確に表れた意欲的なものとなっています。新課程になるとはいえ，試作問題の中には 2021 年度の第 1 日程と同じ問題もあり，これまでの共通テストの内容や形式をほぼ継承しているといえます。会話形式や実用的な設定の多用，複数の資料・データの提示など，全体的に「読ませる」「考えさせる」設定になっており，**思考力・判断力・表現力**を問うために，問題の内容や設問の形式において様々な特徴が見られます。数学の本質や実用を意識させるような問い方になっており，**解いてみると楽しい，よく練られた良問**であると実感できます。

出題科目と試験時間

共通テストの数学は**2つのグループ**に分かれて実施されますが，新課程では下記のようになります。グループ②の出題科目は，従来「数学Ⅱ」『数学Ⅱ・数学B』『簿記・会計』『情報関係基礎』の4科目から1科目選択で，試験時間60分で実施されていましたが，**『数学Ⅱ，数学B，数学C』**1科目に変更され，試験時間もグループ①と同様に**70分**となります。配点は，グループ①・②ともに，従来と変わらず**100点満点**です。

グループ	出題科目	出題方法	試験時間 （配点）
①	**『数学Ⅰ，数学A』** **「数学Ⅰ」**	• 左記出題科目の2科目のうちから1科目を選択し，解答する。 • 「数学A」については，図形の性質，場合の数と確率の2項目に対応した出題とし，全てを解答する。	70分 （100点）
②	**『数学Ⅱ，数学B，数学C』**	• 「数学B」及び「数学C」については，数列（数学B），統計的な推測（数学B），ベクトル（数学C）及び平面上の曲線と複素数平面（数学C）の4項目に対応した出題とし，4項目のうち3項目の内容の問題を選択解答する。	**70分** （100点）

『数学Ⅰ，数学A』では，従来は「数学A」の範囲が選択問題で，3問のうち2問を解答することになっていましたが，新課程では**選択問題を含まず，すべてを解答**することになります。なお，「数学A」の範囲では，**「整数の性質」が出題されなくなり**，「図形の性質」，「場合の数と確率」の2項目に対応した出題となります。

『数学Ⅱ，数学B，数学C』では，従来は「数学B」の範囲が選択問題で，3問のうち2問を解答することになっていましたが，新課程では**「数学C」が追加**され，「数学B」の「数列」，「統計的な推測」と，「数学C」の「ベクトル」，「平面上の曲線と複素数平面」の計**4項目のうち3項目の内容の問題を選択解答**することになり，選択問題が1問増えました。なお，従来「数学B」にあった「ベクトル」は「数学C」に移されましたが，**「平面上の曲線と複素数平面」は新課程入試で新たに出題される項目**になります。

変更点のまとめ

数学Ⅰ，数学A

- 選択問題３題のうち「整数の性質」が出題されなくなる。
- 選択問題であった「図形の性質」と「場合の数と確率」が必答問題になる。

数学Ⅱ，数学B，数学C

- 出題科目が「数学Ⅱ・数学B」から「数学Ⅱ，数学B，数学C」になる。
- 試験時間が60分から70分になる。
- 選択問題が，「３題のうち２題選択」から，「４題のうち３題選択」になる。
- 選択問題に「平面上の曲線と複素数平面」（数学C）が新しく出題される。

数学Ⅰ，数学A／大問構成・配点

試　験	区　分	大　問	項　目	配　点
新課程 試作問題	全問必答	第1問	〔1〕 2次方程式，数と式 〔2〕図形と計量	10点 20点
		第2問	〔1〕 2次関数 〔2〕データの分析	15点 15点
		第3問	図形の性質	20点
		第4問	場合の数と確率	20点
2023年度 本試験	必　答	第1問	〔1〕数と式 〔2〕図形と計量	10点 20点
		第2問	〔1〕データの分析 〔2〕 2次関数	15点 15点
	2問選択	第3問	場合の数と確率	20点
		第4問	整数の性質	20点
		第5問	図形の性質	20点
2023年度 追試験	必　答	第1問	〔1〕数と式 〔2〕図形と計量	10点 20点
		第2問	〔1〕 2次関数 〔2〕データの分析 〔3〕データの分析	15点 6点 9点
	2問選択	第3問	場合の数と確率	20点
		第4問	整数の性質	20点
		第5問	図形の性質	20点
2022年度 本試験	必　答	第1問	〔1〕数と式 〔2〕図形と計量 〔3〕図形と計量， 2次関数	10点 6点 14点
		第2問	〔1〕2次関数，集合と論理 〔2〕データの分析	15点 15点
	2問選択	第3問	場合の数と確率	20点
		第4問	整数の性質	20点
		第5問	図形の性質	20点

2022 年度 追試験	必　答	第 1 問	〔1〕数と式 〔2〕図形と計量 〔3〕図形と計量	10 点 6 点 14 点
		第 2 問	〔1〕2 次関数 〔2〕データの分析	15 点 15 点
	2 問選択	第 3 問	場合の数と確率	20 点
		第 4 問	整数の性質	20 点
		第 5 問	図形の性質	20 点
2021 年度 本試験 （第 1 日程）	必　答	第 1 問	〔1〕 2 次方程式，数と式 〔2〕図形と計量	10 点 20 点
		第 2 問	〔1〕2 次関数 〔2〕データの分析	15 点 15 点
	2 問選択	第 3 問	場合の数と確率	20 点
		第 4 問	整数の性質	20 点
		第 5 問	図形の性質	20 点
2021 年度 本試験 （第 2 日程）	必　答	第 1 問	〔1〕数と式，集合と論理 〔2〕図形と計量	10 点 20 点
		第 2 問	〔1〕 2 次関数 〔2〕データの分析	15 点 15 点
	2 問選択	第 3 問	場合の数と確率	20 点
		第 4 問	整数の性質	20 点
		第 5 問	図形の性質	20 点

試作問題は大問 4 題で，第 1 問・第 2 問が「数学Ⅰ」の範囲（計 60 点），第 3 問・第 4 問が「数学Ａ」の範囲（計 40 点）からの出題でした。なお，試作問題のうち，新規に作成された問題は第 2 問〔2〕の**「データの分析」**，第 4 問の**「場合の数と確率」**のみで，その他の問題は 2021 年度第 1 日程と共通問題でした。

数学Ⅱ，数学Ｂ，数学Ｃ／大問構成・配点

試験	区分	大問	項目	配点
新課程 試作問題	必答	第1問	三角関数	15点
		第2問	指数関数	15点
		第3問	微分・積分	22点
	3問選択	第4問	数列	16点
		第5問	統計的な推測	16点
		第6問	ベクトル	16点
		第7問	〔1〕平面上の曲線 〔2〕複素数平面	4点 12点
2023年度 本試験	必答	第1問	〔1〕三角関数 〔2〕指数・対数関数	18点 12点
		第2問	〔1〕微分 〔2〕積分	15点 15点
	2問選択	第3問	確率分布と統計的な推測	20点
		第4問	数列	20点
		第5問	ベクトル	20点
2023年度 追試験	必答	第1問	〔1〕いろいろな式 〔2〕対数関数	16点 14点
		第2問	〔1〕微分 〔2〕積分	20点 10点
	2問選択	第3問	確率分布と統計的な推測	20点
		第4問	数列	20点
		第5問	ベクトル	20点
2022年度 本試験	必答	第1問	〔1〕図形と方程式 〔2〕指数・対数関数	15点 15点
		第2問	〔1〕微分 〔2〕積分	18点 12点
	2問選択	第3問	確率分布と統計的な推測	20点
		第4問	数列	20点
		第5問	ベクトル	20点

2022年度 追試験	必　答	第1問	〔1〕図形と方程式 〔2〕三角関数	15点 15点
		第2問	微分・積分	30点
	2問選択	第3問	確率分布と統計的な推測	20点
		第4問	数列	20点
		第5問	ベクトル	20点
2021年度 本試験 (第1日程)	必　答	第1問	〔1〕三角関数 〔2〕指数関数	15点 15点
		第2問	微分・積分	30点
	2問選択	第3問	確率分布と統計的な推測	20点
		第4問	数列	20点
		第5問	ベクトル	20点
2021年度 本試験 (第2日程)	必　答	第1問	〔1〕対数関数 〔2〕三角関数	13点 17点
		第2問	〔1〕微分・積分 〔2〕微分・積分	17点 13点
	2問選択	第3問	確率分布と統計的な推測	20点
		第4問	〔1〕数列 〔2〕数列	6点 14点
		第5問	ベクトル	20点

※ 2023年度以前は「数学Ⅱ・数学B」。

試作問題は大問7題で，第1問〜第3問が「数学Ⅱ」の範囲（計52点），第4問〜第7問が「数学B」「数学C」の範囲（各16点，計48点）でした。選択問題が増えた分，「数学Ⅱ」の配点が従来の60点から少なくなりました。なお，試作問題のうち，新規に作成された問題は第5問**「統計的な推測」**，第7問**「平面上の曲線と複素数平面」**のみで，その他の問題は2021年度第1日程と共通または一部を改題されたものでした。

問題の場面設定

共通テストの大きな特徴のひとつが，問題の場面設定です。生徒同士や先生と生徒による**会話文の設定**や，教育現場での **ICT（情報通信技術）活用の設定**，社会や日常生活における**実用的な設定**の問題などが目を引きます。また，既知ないし未知の**公式ないし数学的事実の考察・証明**や，**大学で学ぶ高度な数学の内容を背景とする**ような出題も見られます（本書では，場面設定の分類について，問題に 会話設定 などのマークを付しています）。

いずれも，そうした内容自体が知識として問われるわけではなく，あくまでも，高校で身につけた内容を駆使して取り組めるように工夫がこらされていますが，設定が目新しく，長めの問題文を読みながら解き進めていく必要もあるので，柔軟な応用力が試されるものとなっています。

場面設定の分類

分類		会話文の設定 会話設定	ICT 活用の設定 ICT 活用	実用的な設定 実用設定	考察・証明 高度な数学的背景 考察・証明
数学I・数学A	新課程 試作問題	1〔1〕，2〔2〕，4		2〔1〕，2〔2〕，4	1〔2〕，4
	2023 本試験	2〔2〕，4		2〔1〕，2〔2〕	2〔2〕，3，5
	2023 追試験	2〔1〕		2〔1〕，2〔2〕	
	2022 本試験	1〔2〕，2〔1〕	2〔1〕	1〔2〕，2〔2〕，3	3，4
	2022 追試験			1〔2〕，2〔2〕，3	1〔3〕，3，5
	2021 第1日程	1〔1〕，3		2〔1〕，2〔2〕	1〔2〕，3，4
	2021 第2日程	2〔1〕	1〔2〕	2〔1〕，2〔2〕	1〔2〕，4，5
数学II・数学B	新課程 試作問題 II，B，C	2，7〔2〕	7〔1〕，7〔2〕	5	2，3，5，6
	2023 本試験	2〔2〕		2〔2〕，3，4	1〔1〕，1〔2〕
	2023 追試験	2〔1〕		1〔2〕，2〔1〕，3	
	2022 本試験	1〔1〕，4，5		3，4	1〔1〕，1〔2〕
	2022 追試験	1〔2〕			2，3，4，5
	2021 第1日程	1〔2〕		3	1〔2〕，2，5
	2021 第2日程	1〔1〕		3，4〔2〕	1〔2〕

※数字は大問番号，〔　〕は中問。

難易度

2021 年度の共通テストでは，大多数が受験した第 1 日程の平均点はいずれも 50 点台となりました。2022 年度はさらに難化し，40 点前後の平均点となりましたが，2023 年度は 50〜60 点台の高めの平均点となりました。今後も場面設定や設問形式による難化を想定して臨む方がよいと思われます。本書掲載の問題に取り組むことはもちろん，共通テストの過去問にはすべて取り組んでみて，こうした設定や形式に慣れておきましょう。本書で演習問題として掲載しているオリジナル問題も，それに準じてやや難しめの設定・形式で作成しています。

平均点の比較

科目名	2023 本試験	2022 本試験	2021 第 1 日程	2021 第 2 日程
数学Ⅰ・数学Ａ	55.65 点	37.96 点	57.68 点	39.62 点
数学Ⅱ・数学Ｂ	61.48 点	43.06 点	59.93 点	37.40 点

※追試験は非公表。

数学特有の形式と解答用紙

他科目では，選択肢の中から答えのマーク番号を選択する形式がほとんどですが，数学では，**与えられた枠に当てはまる数字や記号をマークする，穴埋め式**で出題されています。

解答用紙には，**0 〜 9 の数字**だけでなく，**－の符号**と，『数学Ⅰ・数学Ａ』「数学Ⅰ」では±の符号も，『数学Ⅱ・数学Ｂ』「数学Ⅱ」ではａ〜ｄの記号も設けられていますが，新課程では±の符号とａ〜ｄの記号は廃止される予定です。分数は既約分数で，根号がある場合は根号の中の数字が最小となる形で解答しなければならないことにも注意が必要です。

共通テストでは，選択肢の中から選ぶ形式の出題も増え，数字や符号を穴埋めする問題と区別して，［　　］と二重四角で表されています。本番で焦らないよう，こうした形式に慣れておきましょう。問題冊子の裏表紙に**「解答上の注意」**が印刷されていますので，**試験開始前によく読みましょう。**

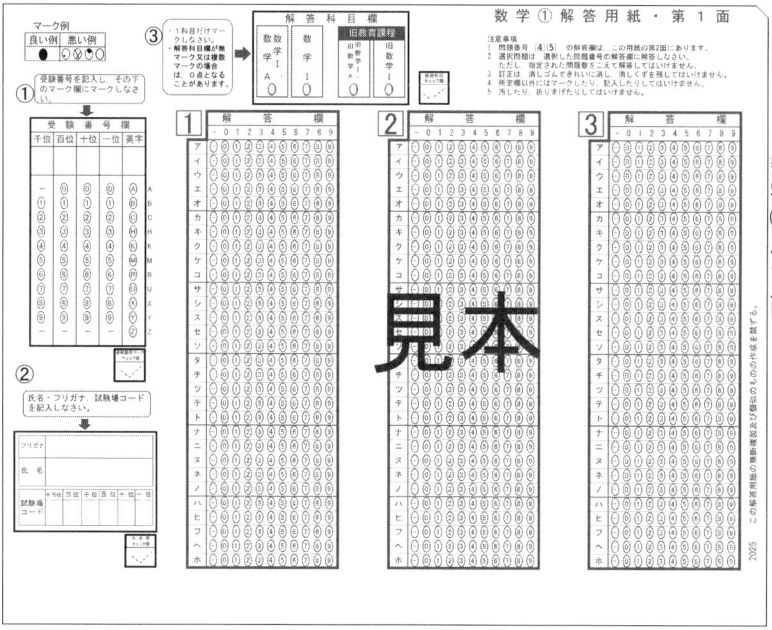

数学①解答用紙・第1面

注意事項
1 問題番号 [4] [5] の解答欄は，この用紙の第2面にあります。
2 選択問題は，選択した問題番号の解答欄に解答しなさい。
ただし，指定された問題数をこえて解答してはいけません。
3 訂正は，消しゴムできれいに消し，消しくずを残してはいけません。
4 所定欄以外にはマークしたり，記入したりしてはいけません。
5 汚したり，折りまげたりしてはいけません。

マーク例

良い例	悪い例
●	⊙ ⊗ ◓ ○

① 受験番号を記入し，その下のマーク欄にマークしなさい。

受験番号欄

千位	百位	十位	一位	英字	
−	0	0	0	A	A
1	1	1	1	B	B
2	2	2	2	C	C
3	3	3	3	H	H
4	4	4	4	K	K
5	5	5	5	M	M
6	6	6	6	R	R
7	7	7	7	U	U
8	8	8	8	X	X
9	9	9	9	Y	Y
−	−	−	−	Z	Z

受験番号マークチェック欄

② 氏名・フリガナ，試験場コードを記入しなさい。

フリガナ						
氏 名						
試験場コード	十万位	万位	千位	百位	十位	一位

氏名等チェック欄

③
・1科目だけマークしなさい。
・**解答科目欄が無マーク又は複数マークの場合は，0点となることがあります。**

解答科目欄

数学Ⅰ・数学A	数学Ⅰ	旧教育課程 旧数学Ⅰ・旧数学A	旧教育課程 旧数学Ⅰ
○	○	○	○

解答科目チェック欄

1 解答欄

	−	0	1	2	3	4	5	6	7	8	9
ア	−	0	1	2	3	4	5	6	7	8	9
イ	−	0	1	2	3	4	5	6	7	8	9
ウ	−	0	1	2	3	4	5	6	7	8	9
エ	−	0	1	2	3	4	5	6	7	8	9
オ	−	0	1	2	3	4	5	6	7	8	9
カ	−	0	1	2	3	4	5	6	7	8	9
キ	−	0	1	2	3	4	5	6	7	8	9
ク	−	0	1	2	3	4	5	6	7	8	9
ケ	−	0	1	2	3	4	5	6	7	8	9
コ	−	0	1	2	3	4	5	6	7	8	9
サ	−	0	1	2	3	4	5	6	7	8	9
シ	−	0	1	2	3	4	5	6	7	8	9
ス	−	0	1	2	3	4	5	6	7	8	9
セ	−	0	1	2	3	4	5	6	7	8	9
ソ	−	0	1	2	3	4	5	6	7	8	9
タ	−	0	1	2	3	4	5	6	7	8	9
チ	−	0	1	2	3	4	5	6	7	8	9
ツ	−	0	1	2	3	4	5	6	7	8	9
テ	−	0	1	2	3	4	5	6	7	8	9
ト	−	0	1	2	3	4	5	6	7	8	9
ナ	−	0	1	2	3	4	5	6	7	8	9
ニ	−	0	1	2	3	4	5	6	7	8	9
ヌ	−	0	1	2	3	4	5	6	7	8	9
ネ	−	0	1	2	3	4	5	6	7	8	9
ノ	−	0	1	2	3	4	5	6	7	8	9
ハ	−	0	1	2	3	4	5	6	7	8	9
ヒ	−	0	1	2	3	4	5	6	7	8	9
フ	−	0	1	2	3	4	5	6	7	8	9
ヘ	−	0	1	2	3	4	5	6	7	8	9
ホ	−	0	1	2	3	4	5	6	7	8	9

2 解答欄

	−	0	1	2	3	4	5	6	7	8	9
ア	−	0	1	2	3	4	5	6	7	8	9
イ	−	0	1	2	3	4	5	6	7	8	9
ウ	−	0	1	2	3	4	5	6	7	8	9
エ	−	0	1	2	3	4	5	6	7	8	9
オ	−	0	1	2	3	4	5	6	7	8	9
カ	−	0	1	2	3	4	5	6	7	8	9
キ	−	0	1	2	3	4	5	6	7	8	9
ク	−	0	1	2	3	4	5	6	7	8	9
ケ	−	0	1	2	3	4	5	6	7	8	9
コ	−	0	1	2	3	4	5	6	7	8	9
サ	−	0	1	2	3	4	5	6	7	8	9
シ	−	0	1	2	3	4	5	6	7	8	9
ス	−	0	1	2	3	4	5	6	7	8	9
セ	−	0	1	2	3	4	5	6	7	8	9
ソ	−	0	1	2	3	4	5	6	7	8	9
タ	−	0	1	2	3	4	5	6	7	8	9
チ	−	0	1	2	3	4	5	6	7	8	9
ツ	−	0	1	2	3	4	5	6	7	8	9
テ	−	0	1	2	3	4	5	6	7	8	9
ト	−	0	1	2	3	4	5	6	7	8	9
ナ	−	0	1	2	3	4	5	6	7	8	9
ニ	−	0	1	2	3	4	5	6	7	8	9
ヌ	−	0	1	2	3	4	5	6	7	8	9
ネ	−	0	1	2	3	4	5	6	7	8	9
ノ	−	0	1	2	3	4	5	6	7	8	9
ハ	−	0	1	2	3	4	5	6	7	8	9
ヒ	−	0	1	2	3	4	5	6	7	8	9
フ	−	0	1	2	3	4	5	6	7	8	9
ヘ	−	0	1	2	3	4	5	6	7	8	9
ホ	−	0	1	2	3	4	5	6	7	8	9

3 解答欄

	−	0	1	2	3	4	5	6	7	8	9
ア	−	0	1	2	3	4	5	6	7	8	9
イ	−	0	1	2	3	4	5	6	7	8	9
ウ	−	0	1	2	3	4	5	6	7	8	9
エ	−	0	1	2	3	4	5	6	7	8	9
オ	−	0	1	2	3	4	5	6	7	8	9
カ	−	0	1	2	3	4	5	6	7	8	9
キ	−	0	1	2	3	4	5	6	7	8	9
ク	−	0	1	2	3	4	5	6	7	8	9
ケ	−	0	1	2	3	4	5	6	7	8	9
コ	−	0	1	2	3	4	5	6	7	8	9
サ	−	0	1	2	3	4	5	6	7	8	9
シ	−	0	1	2	3	4	5	6	7	8	9
ス	−	0	1	2	3	4	5	6	7	8	9
セ	−	0	1	2	3	4	5	6	7	8	9
ソ	−	0	1	2	3	4	5	6	7	8	9
タ	−	0	1	2	3	4	5	6	7	8	9
チ	−	0	1	2	3	4	5	6	7	8	9
ツ	−	0	1	2	3	4	5	6	7	8	9
テ	−	0	1	2	3	4	5	6	7	8	9
ト	−	0	1	2	3	4	5	6	7	8	9
ナ	−	0	1	2	3	4	5	6	7	8	9
ニ	−	0	1	2	3	4	5	6	7	8	9
ヌ	−	0	1	2	3	4	5	6	7	8	9
ネ	−	0	1	2	3	4	5	6	7	8	9
ノ	−	0	1	2	3	4	5	6	7	8	9
ハ	−	0	1	2	3	4	5	6	7	8	9
ヒ	−	0	1	2	3	4	5	6	7	8	9
フ	−	0	1	2	3	4	5	6	7	8	9
ヘ	−	0	1	2	3	4	5	6	7	8	9
ホ	−	0	1	2	3	4	5	6	7	8	9

見本

2025

数学①・第1面

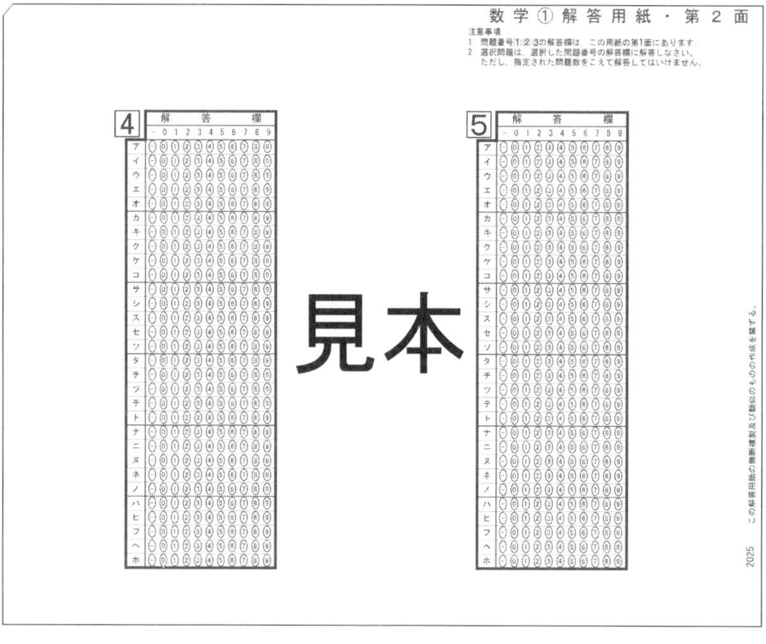

数学①解答用紙・第2面

注意事項
1 問題番号 1 2 3 の解答欄は，この用紙の第1面にあります。
2 選択問題は，選択した問題番号の解答欄に解答しなさい。
ただし，指定された問題数をこえて解答してはいけません。

4 解答欄

	−	0	1	2	3	4	5	6	7	8	9
ア	−	0	1	2	3	4	5	6	7	8	9
イ	−	0	1	2	3	4	5	6	7	8	9
ウ	−	0	1	2	3	4	5	6	7	8	9
エ	−	0	1	2	3	4	5	6	7	8	9
オ	−	0	1	2	3	4	5	6	7	8	9
カ	−	0	1	2	3	4	5	6	7	8	9
キ	−	0	1	2	3	4	5	6	7	8	9
ク	−	0	1	2	3	4	5	6	7	8	9
ケ	−	0	1	2	3	4	5	6	7	8	9
コ	−	0	1	2	3	4	5	6	7	8	9
サ	−	0	1	2	3	4	5	6	7	8	9
シ	−	0	1	2	3	4	5	6	7	8	9
ス	−	0	1	2	3	4	5	6	7	8	9
セ	−	0	1	2	3	4	5	6	7	8	9
ソ	−	0	1	2	3	4	5	6	7	8	9
タ	−	0	1	2	3	4	5	6	7	8	9
チ	−	0	1	2	3	4	5	6	7	8	9
ツ	−	0	1	2	3	4	5	6	7	8	9
テ	−	0	1	2	3	4	5	6	7	8	9
ト	−	0	1	2	3	4	5	6	7	8	9
ナ	−	0	1	2	3	4	5	6	7	8	9
ニ	−	0	1	2	3	4	5	6	7	8	9
ヌ	−	0	1	2	3	4	5	6	7	8	9
ネ	−	0	1	2	3	4	5	6	7	8	9
ノ	−	0	1	2	3	4	5	6	7	8	9
ハ	−	0	1	2	3	4	5	6	7	8	9
ヒ	−	0	1	2	3	4	5	6	7	8	9
フ	−	0	1	2	3	4	5	6	7	8	9
ヘ	−	0	1	2	3	4	5	6	7	8	9
ホ	−	0	1	2	3	4	5	6	7	8	9

5 解答欄

	−	0	1	2	3	4	5	6	7	8	9
ア	−	0	1	2	3	4	5	6	7	8	9
イ	−	0	1	2	3	4	5	6	7	8	9
ウ	−	0	1	2	3	4	5	6	7	8	9
エ	−	0	1	2	3	4	5	6	7	8	9
オ	−	0	1	2	3	4	5	6	7	8	9
カ	−	0	1	2	3	4	5	6	7	8	9
キ	−	0	1	2	3	4	5	6	7	8	9
ク	−	0	1	2	3	4	5	6	7	8	9
ケ	−	0	1	2	3	4	5	6	7	8	9
コ	−	0	1	2	3	4	5	6	7	8	9
サ	−	0	1	2	3	4	5	6	7	8	9
シ	−	0	1	2	3	4	5	6	7	8	9
ス	−	0	1	2	3	4	5	6	7	8	9
セ	−	0	1	2	3	4	5	6	7	8	9
ソ	−	0	1	2	3	4	5	6	7	8	9
タ	−	0	1	2	3	4	5	6	7	8	9
チ	−	0	1	2	3	4	5	6	7	8	9
ツ	−	0	1	2	3	4	5	6	7	8	9
テ	−	0	1	2	3	4	5	6	7	8	9
ト	−	0	1	2	3	4	5	6	7	8	9
ナ	−	0	1	2	3	4	5	6	7	8	9
ニ	−	0	1	2	3	4	5	6	7	8	9
ヌ	−	0	1	2	3	4	5	6	7	8	9
ネ	−	0	1	2	3	4	5	6	7	8	9
ノ	−	0	1	2	3	4	5	6	7	8	9
ハ	−	0	1	2	3	4	5	6	7	8	9
ヒ	−	0	1	2	3	4	5	6	7	8	9
フ	−	0	1	2	3	4	5	6	7	8	9
ヘ	−	0	1	2	3	4	5	6	7	8	9
ホ	−	0	1	2	3	4	5	6	7	8	9

見本

2025

数学①・第2面

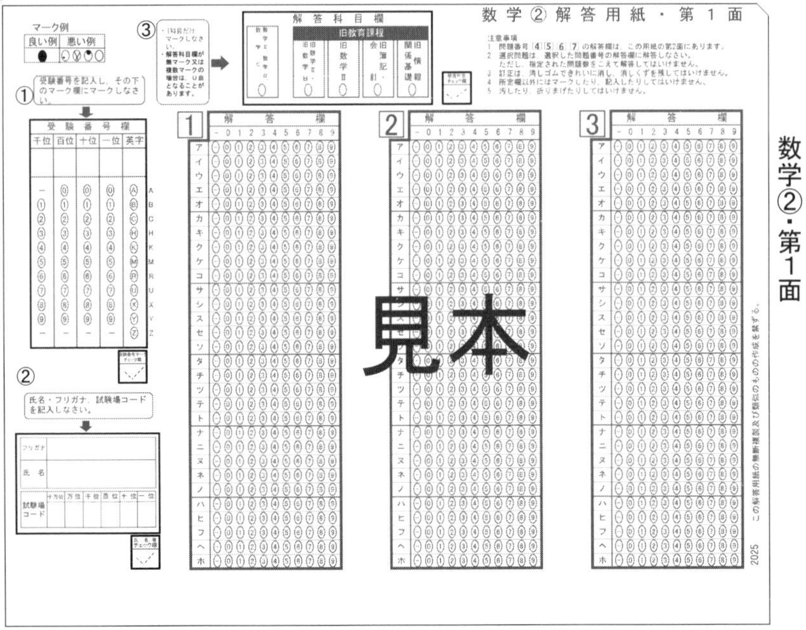
数学②解答用紙・第1面
注意事項
1　問題番号 4 5 6 7 の解答欄は，この用紙の第2面にあります。
2　選択問題は，選択した問題番号の解答欄に解答しなさい。
ただし，指定された問題数をこえて解答してはいけません。
3　訂正は，消しゴムできれいに消し，消しくずを残してはいけません。
4　所定欄以外にはマークしたり，記入したりしてはいけません。
5　汚したり，折りまげたりしてはいけません。
マーク例
良い例
悪い例
受験番号を記入し，その下のマーク欄にマークしなさい。
受験番号欄
千位
百位
十位
一位
英字
氏名・フリガナ，試験場コードを記入しなさい。
フリガナ
氏　名
試験場コード
解答科目欄
旧教育課程
解答欄
見本
この解答用紙の無断複製及び類似のものの作成を禁ずる。
2025
数学②・第1面

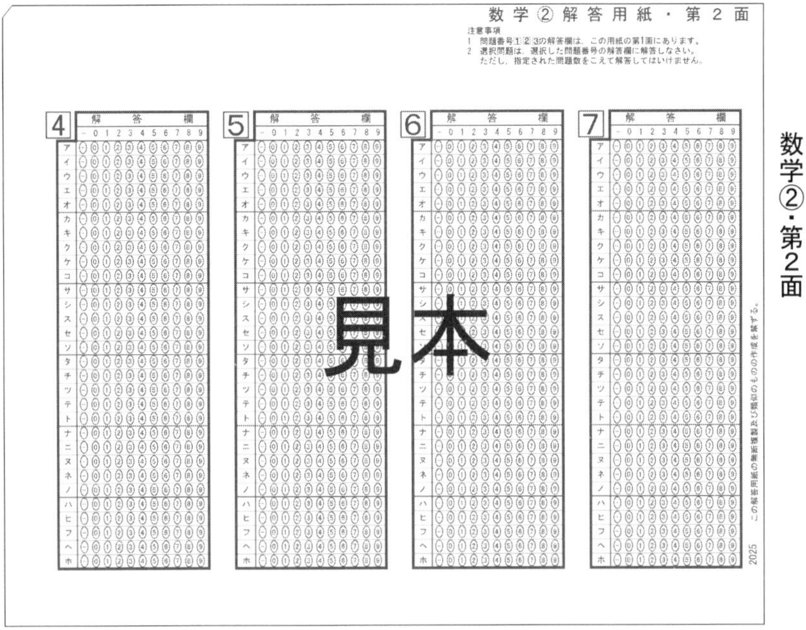
数学②解答用紙・第2面
注意事項
1　問題番号 1 2 3 の解答欄は，この用紙の第1面にあります。
2　選択問題は，選択した問題番号の解答欄に解答しなさい。
ただし，指定された問題数をこえて解答してはいけません。
解答欄
見本
この解答用紙の無断複製及び類似のものの作成を禁ずる。
2025
数学②・第2面

チェックリスト

トライした日付を書こう！
問題は解きっぱなしではなく必ず答え合わせしておくとよい。

数学Ⅱ

第1章　いろいろな式

	1回目（月日）	2回目（月日）
1	／	／
2	／	／
3	／	／

第2章　図形と方程式

	1回目（月日）	2回目（月日）
1	／	／
2	／	／
3	／	／

第3章　指数・対数関数

	1回目（月日）	2回目（月日）
1	／	／
2	／	／
3	／	／

第4章　三角関数

	1回目（月日）	2回目（月日）
1	／	／
2	／	／
3	／	／

第5章　微分・積分

	1回目（月日）	2回目（月日）
1	／	／
2	／	／
3	／	／

数学B

第6章　数　列

	1回目（月日）	2回目（月日）
1	／	／
2	／	／
3	／	／

第7章　統計的な推測

	1回目（月日）	2回目（月日）
1	／	／
2	／	／
3	／	／

数学C

第8章　ベクトル

	1回目（月日）	2回目（月日）
1	／	／
2	／	／
3	／	／

第9章　平面上の曲線と複素数平面

	1回目（月日）	2回目（月日）
1	／	／
2	／	／
3	／	／
4	／	／
5	／	／
6	／	／

第1章

いろいろな式

第１章　いろいろな式　　傾向分析

従来の『数学Ⅱ・数学B』では，2023 年度の追試験の第１問〔１〕で出題された以外は，独立した大問や中問が出題されることは少ないですが，他の分野の問題の中で部分的に問われることはあります。新課程『数学Ⅱ，数学B，数学C』の試作問題でも独立した大問・中問は出題されませんでした。

「数学Ⅱ」の各分野を勉強する上で前提となる，いろいろな項目を扱う単元なので，**整式の除法，剰余の定理，因数定理，高次方程式，複素数，解と係数の関係，不等式の証明，相加平均と相乗平均の関係，二項定理**といった項目をしっかり対策しておく必要があります。

共通テストでの出題項目

試　験	大　問	出題項目	配　点
2023 追試験	第１問〔１〕	解と係数の関係，高次方程式	16 点

学習指導要領における内容

ア．次のような知識及び技能を身に付けること。

（ア）　三次の乗法公式及び因数分解の公式を理解し，それらを用いて式の展開や因数分解をすること。

（イ）　多項式の除法や分数式の四則計算の方法について理解し，簡単な場合について計算をすること。

（ウ）　数を複素数まで拡張する意義を理解し，複素数の四則計算をすること。

（エ）　二次方程式の解の種類の判別及び解と係数の関係について理解すること。

（オ）　因数定理について理解し，簡単な高次方程式について因数定理などを用いてその解を求めること。

イ．次のような思考力，判断力，表現力等を身に付けること。

（ア）　式の計算の方法を既に学習した数や式の計算と関連付け多面的に考察すること。

（イ）　実数の性質や等式の性質，不等式の性質などを基に，等式や不等式が成り立つことを論理的に考察し，証明すること。

（ウ）　日常の事象や社会の事象などを数学的に捉え，方程式を問題解決に活用すること。

問題 1 — 1　演習問題

オリジナル問題

(1)　x についての4次の多項式 $f(x)$ を

$$f(x)=x^4+x^3-9x^2+9x-12$$

で定める。$x-1=t$ とおくと，$f(x)$ は t の多項式として

$$f(x)=(t+\boxed{\text{ア}})(t^{\boxed{\text{イ}}}-\boxed{\text{ウ}})$$

と書ける。

i を虚数単位とし，$\omega=\dfrac{-1+\sqrt{3}i}{2}$ とするとき，$(\omega Y-\omega^2 Z)(\omega^2 Y-\omega Z)$ を展開すると

$\boxed{\text{エ}}$

となる。

$\boxed{\text{エ}}$ の解答群

⓪ Y^2+Z^2	① Y^2+YZ+Z^2	② $(Y+Z)^2$
③ Y^2-YZ+Z^2	④ $(Y-Z)^2$	⑤ $Y^2+3YZ+Z^2$
⑥ $Y^2-3YZ+Z^2$	⑦ $Y^2+4YZ+Z^2$	⑧ $Y^2-4YZ+Z^2$
⑨ YZ		

(2)　x の4次方程式 $f(x)=0$ の実数解は，次の⓪～⑨のうち $\boxed{\text{オ}}$，$\boxed{\text{カ}}$ である。

$\boxed{\text{オ}}$，$\boxed{\text{カ}}$ の解答群（解答の順序は問わない。）

⓪ 2	① 3	② 4	③ -2	④ -3
⑤ -4	⑥ $1-\sqrt[3]{2}$	⑦ $1-\sqrt[3]{3}$	⑧ $1+\sqrt[3]{2}$	⑨ $1+\sqrt[3]{3}$

(3)　x の4次方程式 $f(x)=0$ の虚数解は，次の⓪～⑨のうち $\boxed{\text{キ}}$，$\boxed{\text{ク}}$ である。ただし，i を虚数単位，$\omega=\dfrac{-1+\sqrt{3}i}{2}$ とし，$\overline{\omega}$ は ω の共役複素数を表すものとする。

キ , ク の解答群（解答の順序は問わない。）

⓪ $\sqrt[3]{2}\omega$	① $\sqrt[3]{2}\,\overline{\omega}$	② $1+\sqrt[3]{2}\omega$	③ $1+\sqrt[3]{2}\,\overline{\omega}$	④ $1-\sqrt[3]{2}\omega$
⑤ $1-\sqrt[3]{2}\,\overline{\omega}$	⑥ $1+\sqrt[3]{3}\,\overline{\omega}$	⑦ $1-\sqrt[3]{3}\omega$	⑧ $\omega+\sqrt[3]{3}$	⑨ $\omega-\sqrt[3]{3}$

問題 1 — 1　解答解説

解答記号	$(t+ア)(t^イ-ウ)$	エ	オ，カ	キ，ク
正　解	$(t+5)(t^3-2)$	①	⑤，⑧ （解答の順序は問わない）	②，③ （解答の順序は問わない）
チェック				

《高次方程式，複素数，1の虚数立方根》

(1)　$f(x)=x^4+x^3-9x^2+9x-12$ において，$x-1=t$ とおくと，$f(x)$ は t の多項式として

$$\begin{aligned} f(x) &= x^4+x^3-9x^2+9x-12 \\ &= (t+1)^4+(t+1)^3-9(t+1)^2+9(t+1)-12 \\ &= (t^4+4t^3+6t^2+4t+1)+(t^3+3t^2+3t+1)-9(t^2+2t+1)+9(t+1)-12 \\ &= t^4+5t^3-2t-10 \\ &= t^3(t+5)-2(t+5) \\ &= (t+\boxed{5})(t^{\boxed{3}}-\boxed{2}) \quad \to ア，イ，ウ \end{aligned}$$

と表される。

$\omega=\dfrac{-1+\sqrt{3}i}{2}$ は

$$\omega^3=1, \quad \omega^2+\omega+1=0$$

を満たすことに注意すると

$$\begin{aligned} (\omega Y-\omega^2 Z)(\omega^2 Y-\omega Z) &= \omega^3 Y^2-\omega^2 YZ-\omega^4 YZ+\omega^3 Z^2 \\ &= \omega^3(Y^2+Z^2)-(\omega^2+\omega^3\omega)YZ \\ &= (Y^2+Z^2)-(\omega^2+\omega)YZ \quad (\because \ \omega^3=1) \\ &= (Y^2+Z^2)-(-1)\cdot YZ \quad (\because \ \omega^2+\omega=-1) \\ &= \boldsymbol{Y^2+YZ+Z^2} \quad \boxed{①} \quad \to エ \end{aligned}$$

となる。

(2)　$f(x)=0$ の解を求める準備として，t の方程式

$$(t+5)(t^3-2)=0$$

を解くことを考える。これは

$$t=-5 \quad または \quad t^3-(\sqrt[3]{2})^3=0$$

であり，(1)を利用して

$$t^3-(\sqrt[3]{2})^3=(t-\sqrt[3]{2})\{t^2+\sqrt[3]{2}t+(\sqrt[3]{2})^2\}$$
$$=(t-\sqrt[3]{2})(\omega t-\omega^2\sqrt[3]{2})(\omega^2 t-\omega\sqrt[3]{2})\quad (\because\ (1))$$
$$=(t-\sqrt[3]{2})(t-\omega\sqrt[3]{2})(\omega^3 t-\omega^2\sqrt[3]{2})$$
$$=(t-\sqrt[3]{2})(t-\omega\sqrt[3]{2})\left(t-\frac{1}{\omega}\cdot\sqrt[3]{2}\right)\quad (\because\ \omega^3=1)$$

これより，t の３次方程式 $t^3-(\sqrt[3]{2})^3=0$ を解くと

$$t=\sqrt[3]{2},\ \omega\sqrt[3]{2},\ \frac{\sqrt[3]{2}}{\omega}\quad つまり\quad t=\sqrt[3]{2},\ \sqrt[3]{2}\omega,\ \sqrt[3]{2}\,\overline{\omega}$$

以上から，t の方程式 $(t+5)(t^3-2)=0$ を解くと

$$t=-5,\ \sqrt[3]{2},\ \sqrt[3]{2}\omega,\ \sqrt[3]{2}\,\overline{\omega}$$

これより，x の４次方程式 $f(x)=0$ の解（複素数解）は

$$x=-4,\ 1+\sqrt[3]{2},\ 1+\sqrt[3]{2}\omega,\ 1+\sqrt[3]{2}\,\overline{\omega}$$

ゆえに，$f(x)=0$ の実数解は

$x=-4,\ 1+\sqrt[3]{2}$　⑤，⑧　→オ，カ

のみである。

(3)　$f(x)=0$ の虚数解は

$x=1+\sqrt[3]{2}\omega,\ 1+\sqrt[3]{2}\,\overline{\omega}$　②，③　→キ，ク

のみである。

解説

本問は，$(\omega Y-\omega^2 Z)(\omega^2 Y-\omega Z)=Y^2+YZ+Z^2$ という式変形を用いて，高次方程式を解く問題である。ここで，ω は $\omega=\dfrac{-1+\sqrt{3}i}{2}$ としている。問題によっては，ω（ギリシャ文字で「オメガ」と読む）を１の虚数立方根の一方として定めることもある。

$x^3=1$ を解いてみると，$(x-1)(x^2+x+1)=0$ より，$x=1,\ \dfrac{-1\pm\sqrt{3}i}{2}$ となるので，ω とは，$x^2+x+1=0$ の解，つまり，$\dfrac{-1\pm\sqrt{3}i}{2}$ のうちの一方のことである。

このωの性質をまとめておくと，次のようになる。

ωの性質

①　$\omega^3=1$　　②　$\omega^2+\omega+1=0$　　③　$\omega^2=\overline{\omega}$

ωに関する問題では，これらの性質を用いて議論することに注意しよう。

問題 1 — 2 演習問題

オリジナル問題

太郎さんと花子さんが今日の課題について話し合っている。会話を読んで，下の問いに答えよ。

課題

$f(x)=x^4+ax^3+bx^2+cx+d$（a，b，c，d は有理数）について，x の 4 次方程式 $f(x)=0$ が $x=1+\sqrt{2}$，$2-i$ を解にもつ。ただし，i は虚数単位である。
このとき，a，b，c，d の値を求めよ。

太郎：$x=1+\sqrt{2}$，$2-i$ が $f(x)=0$ の解であるということは

$$f(1+\sqrt{2})=0,\quad f(2-i)=0$$

が成り立つということだね。
このことに着目して，計算していくね。

(1)

$$(1+\sqrt{2})^4=1^4+{}_4C_1\cdot1^3\cdot\sqrt{2}+{}_4C_2\cdot1^2\cdot(\sqrt{2})^2+{}_4C_3\cdot1\cdot(\sqrt{2})^3+(\sqrt{2})^4$$
$$=\boxed{アイ}+\boxed{ウエ}\sqrt{2}$$
$$(1+\sqrt{2})^3=1^3+{}_3C_1\cdot1^2\cdot\sqrt{2}+{}_3C_2\cdot1\cdot(\sqrt{2})^2+(\sqrt{2})^3$$
$$=\boxed{オ}+\boxed{カ}\sqrt{2}$$
$$(1+\sqrt{2})^2=3+2\sqrt{2}$$

である。また，$i^2=-1$ に注意すると

$$(2-i)^4=-7-24i,\quad (2-i)^3=2-11i,\quad (2-i)^2=3-4i$$

であるから

$$f(1+\sqrt{2})=(\boxed{アイ}+\boxed{オ}a+3b+c+d)$$
$$+(\boxed{ウエ}+\boxed{カ}a+2b+c)\sqrt{2}$$
$$f(2-i)=(-7+2a+3b+2c+d)+(-24-11a-4b-c)i$$

である。

花子：一般的に，有理数 p，q に対して

$$p+q\sqrt{2}=0 \Longrightarrow p=q=0$$

がいえるよ。その理由は，$q\neq 0$ とすると

$$\sqrt{2}=-\frac{p}{q}$$

となり，左辺の $\sqrt{2}$ は無理数で，右辺の $-\frac{p}{q}$ は有理数だから，矛盾しているね。だから，$q=0$ がいえ，続いて $p=0$ もいえるんだ。

同様に，実数 r，s に対して

$$r+si=0 \Longrightarrow r=s=0$$

もいえるよ。

太郎：それを踏まえて，続きを書いていくね。

(2)　[アイ]＋[オ]$a+3b+c+d$，[ウエ]＋[カ]$a+2b+c$ は有理数であり，さらに，$-7+2a+3b+2c+d$，$-24-11a-4b-c$ も有理数なので，もちろん実数であるともいえるから

$$\begin{cases} \boxed{アイ}+\boxed{オ}a+3b+c+d=0 \\ \boxed{ウエ}+\boxed{カ}a+2b+c=0 \\ -7+2a+3b+2c+d=0 \\ -24-11a-4b-c=0 \end{cases}$$

である。これを解いて

$$a=\boxed{キク},\ b=\boxed{ケコ},\ c=\boxed{サシ},\ d=-5$$

と求まる。このとき

$$f(x)=(x^2-\boxed{ス}x-\boxed{セ})(x^2-\boxed{ソ}x+\boxed{タ})$$

と因数分解できる。

花子：そうすると，$f(x)=0$ の残りの解も得られるね。

太郎：計算すると，その残りの解は $x=1-\sqrt{2}$，$2+i$ だね。

あれっ？　すごくきれいだね。

花子：本当だね。虚数解は $2-i$，$2+i$ で，互いに共役な複素数がペアで解になっていて，実数解も $1+\sqrt{2}$，$1-\sqrt{2}$ で，有理数部分の1が等しく，無理数部分の $\sqrt{2}$ の符号違いがペアで解になっているよ。

太郎：では，一般に有理数 p，q に対して，$p+q\sqrt{2}$ と $p-q\sqrt{2}$ の2数の関係をこ

こでは“根共役”と呼ぶことにするね。
すると，4次の多項式 $f(x)$ に対して，その係数がすべて有理数のとき，x の方程式 $f(x)=0$ が

無理数解をもつならば，その“根共役”な無理数も解になる。……①
虚数解をもつならば，その共役な虚数も解になる。……②

の2つのことがいえそうだね。

花子：①から示してみよう。いまは，無理数 $p+q\sqrt{2}$ を考えたいから，$q\neq 0$ としよう。

太郎：$x=p+q\sqrt{2}$ と $x=p-q\sqrt{2}$ が同時に $f(x)=0$ の解になるということは，$f(p+q\sqrt{2})=0$ が成り立つという条件のもとで，$\{x-(p+q\sqrt{2})\}\{x-(p-q\sqrt{2})\}$，すなわち $x^2-2px+p^2-2q^2$ を $f(x)$ が因数にもつことを示せばよいね。

(3) $g(x)=x^2-2px+p^2-2q^2$ とおく。すると，$g(p+q\sqrt{2})=$ [チ] である。

また，$f(x)$ を $g(x)$ で割った商，余りはともに多項式で，余りは1次以下であるから，商を $Q(x)$，余りを $rx+s$ とおくことができる。$f(x)$，$g(x)$ ともにすべての係数が有理数であるから，$Q(x)$ のすべての係数も有理数で，r，s も有理数といえる。すると

$$f(x)=g(x)Q(x)+rx+s$$

が成り立つ。

$g(p+q\sqrt{2})=$ [チ] であることと，$x=p+q\sqrt{2}$ が $f(x)=0$ の解の1つであることから

$$r(\boxed{ツ})=-s$$

ここで，$r\neq 0$ とすると，[ツ] $=-\dfrac{s}{r}$ となり，左辺 [ツ] は無理数で，右辺 $-\dfrac{s}{r}$ は有理数であるから，矛盾しており，$r=0$ が示される。すると，$s=0$ もいえる。

[ツ] については，最も適当な式を，次の⓪～③のうちから一つ選べ。

⓪ $p+q\sqrt{2}$	① $p-q\sqrt{2}$	② $p+2q\sqrt{2}$	③ $p-2q\sqrt{2}$

花子：$r=0$，$s=0$ であることから，$f(x)=g(x)Q(x)$ がいえるね。
すると，$g(x)=0$ を満たす x は $f(x)=0$ を満たすことになるよ。
太郎：$g(x)=0$ である x は $x^2-2px+p^2-2q^2=0$ を満たす x で，その x は，$p+q\sqrt{2}$ と $p-q\sqrt{2}$ であるから，$f(x)=0$ の解の１つに $x=p-q\sqrt{2}$ も含むことになるね。
花子：今回は，x^4 の係数が１だったけど，この証明をたどると，x^4 の係数は１でなくても，有理数なら①がいえるよね。
太郎：さらに，４次に限らず，$f(x)$ が何次でも①はいえるよ。
花子：あっ！　②についても，$f(x)=0$ の虚数解を α，その共役な虚数解を $\overline{\alpha}$ として，$f(\alpha)=0$ のもとで，$f(x)$ が $(x-\alpha)(x-\overline{\alpha})$ を因数にもつことが，さっきと同じ発想で示せるね。

(4)　x の４次方程式

$$x^4+kx^3+lx^2+mx+n=0$$

が，$x=\sqrt{2}-3i$ を解にもつような有理数 k，l，m，n は

$k=$ [テ]，　$l=$ [トナ]，　$m=$ [ニ]，　$n=$ [ヌネノ]

である。

問題 1 — 2 解答解説

解答記号	アイ＋ウエ$\sqrt{2}$	オ＋カ$\sqrt{2}$	キク	ケコ	サシ	$(x^2-$ス$x-$セ$)(x^2-$ソ$x+$タ$)$
正　解	$17+12\sqrt{2}$	$7+5\sqrt{2}$	-6	12	-6	$(x^2-2x-1)(x^2-4x+5)$
チェック						

解答記号	チ	ツ	テ	トナ	ニ	ヌネノ
正　解	0	⓪	0	14	0	121
チェック						

《無理数や虚数を解にもつ方程式の性質》

会話設定　考察・証明

(1)　二項定理より

$$(1+\sqrt{2})^4=1+4\sqrt{2}+12+8\sqrt{2}+4=\boxed{17}+\boxed{12}\sqrt{2}$$ →アイ，ウエ

$$(1+\sqrt{2})^3=1+3\sqrt{2}+6+2\sqrt{2}=\boxed{7}+\boxed{5}\sqrt{2}$$ →オ，カ

$$(1+\sqrt{2})^2=3+2\sqrt{2}$$

であるから

$$\begin{aligned}f(1+\sqrt{2})&=(17+12\sqrt{2})+a(7+5\sqrt{2})+b(3+2\sqrt{2})+c(1+\sqrt{2})+d\\&=(17+7a+3b+c+d)+(12+5a+2b+c)\sqrt{2}\end{aligned}$$

である。また

$$(2-i)^4=-7-24i,\quad(2-i)^3=2-11i,\quad(2-i)^2=3-4i$$

であるから

$$\begin{aligned}f(2-i)&=(-7-24i)+a(2-11i)+b(3-4i)+c(2-i)+d\\&=(-7+2a+3b+2c+d)+(-24-11a-4b-c)i\end{aligned}$$

である。

(2)　$f(x)=0$ は $x=1+\sqrt{2}$，$2-i$ を解にもつので，$f(1+\sqrt{2})=0$，$f(2-i)=0$ が成り立ち

$$\begin{cases}(17+7a+3b+c+d)+(12+5a+2b+c)\sqrt{2}=0\\(-7+2a+3b+2c+d)+(-24-11a-4b-c)i=0\end{cases}$$

であるから，花子の最初の発言内容を受けて

$$\begin{cases}17+7a+3b+c+d=0 & \cdots\cdots\text{ⓘ}\\12+5a+2b+c=0 & \cdots\cdots\text{ⓘⓘ}\\-7+2a+3b+2c+d=0 & \cdots\cdots\text{ⓘⓘⓘ}\\-24-11a-4b-c=0 & \cdots\cdots\text{ⓘⓥ}\end{cases}$$

となる。ⅱ×2+ⅳ より

$$-a+c=0 \qquad \therefore \quad a=c$$

これと ⅰ－ⅲ より

$$24+4a=0 \qquad \therefore \quad a=-6,\ c=-6$$

ⅱより

$$-24+2b=0 \qquad \therefore \quad b=12$$

ⅲより

$$5+d=0 \qquad \therefore \quad d=-5$$

以上より

$$a=\boxed{-6},\ b=\boxed{12},\ c=\boxed{-6},\ d=-5$$ →キク，ケコ，サシ

となる。すると

$$f(x)=x^4-6x^3+12x^2-6x-5$$
$$=(x^2-\boxed{2}x-\boxed{1})(x^2-\boxed{4}x+\boxed{5})$$ →ス，セ，ソ，タ

と因数分解できる。

(注)　上の因数分解は意外に難しい。着眼点としては

1)　$f(x)=(x^2-Ax-B)(x^2-Cx+D)$　（A，B，C，D は1桁の自然数）

とわかっているので，逆に展開すると

x^3 の係数に注目して　　$-A-C=-6$

定数項に注目して　　$-BD=-5$

から，適する A，B，C，D を探していく。

2)　$f(x)=(x^2-\boxed{\text{ス}}x-\boxed{\text{セ}})(x^2-\boxed{\text{ソ}}x+\boxed{\text{タ}})$ の後の太郎の発言「残りの解は $x=1-\sqrt{2}$，$2+i$ だね」から，$f(x)=0$ の4解は $x=1\pm\sqrt{2}$，$2\pm i$ とわかるので

$$f(x)=\{x-(1+\sqrt{2})\}\{x-(1-\sqrt{2})\}\{x-(2+i)\}\{x-(2-i)\}$$

となり，$\{x-(1+\sqrt{2})\}\{x-(1-\sqrt{2})\}$ と $\{x-(2+i)\}\{x-(2-i)\}$ を計算して結果を得ることもできる。

2)のような方法は，良い方法とはいえないかもしれないが，後の文章をあきらめずに読み，答えを文脈から判断する能力も重要である。

(3)　直前の太郎の発言にあるように，$f(x)$ を $g(x)=\{x-(p+q\sqrt{2})\}\{x-(p-q\sqrt{2})\}=x^2-2px+p^2-2q^2$ で割った商と余りを考える。その準備として $g(p+q\sqrt{2})$ の値を確認している。もちろん，$g(x)$ は $x-(p+q\sqrt{2})$ を因数にもつので

$$g(p+q\sqrt{2})=\boxed{0}$$ →チ

である。次に，商を $Q(x)$，余りを $rx+s$（$Q(x)$ の係数はすべて有理数，r，s は

有理数）とおける。

（注）　具体的に除法を考えればわかるが，割られる式 $f(x)$，割る式 $g(x)$ の係数がすべて有理数であるから，除法の計算時に，係数には有理数どうしの四則演算しか出てこないので，商，余りの係数もすべて有理数である。特に，r，s が有理数であることをここでおさえておくことが重要である。

すると，除法の式より

$$f(x)=g(x)Q(x)+rx+s$$

と式変形できる（すなわち，上の式は x についての恒等式である）。

これに $x=p+q\sqrt{2}$ を代入すると，$f(p+q\sqrt{2})=g(p+q\sqrt{2})=0$ より

$$0=0\cdot Q(p+q\sqrt{2})+r(p+q\sqrt{2})+s$$

$$r(\boldsymbol{p}+\boldsymbol{q}\sqrt{2})=-s \quad \boxed{⓪} \quad \to ツ$$

を得る。

$r\neq0$ とすると　　$p+q\sqrt{2}=-\dfrac{s}{r}$

となり，左辺 $p+q\sqrt{2}$ は無理数で，右辺 $-\dfrac{s}{r}$ は有理数であるから，矛盾している。

ゆえに，$r=0$ がいえ，そして $s=0$ もいえる。すると

$$f(x)=g(x)Q(x)$$

と因数分解でき

$$f(x)=0 \Longleftrightarrow g(x)=0 \text{ または } Q(x)=0$$

$$\Longleftrightarrow \{x-(p+q\sqrt{2})\}\{x-(p-q\sqrt{2})\}=0 \text{ または } Q(x)=0$$

$$\Longleftrightarrow x=p\pm q\sqrt{2} \text{ または } Q(x)=0$$

となり，$f(x)=0$ は，（$p+q\sqrt{2}$ の“根共役”である）$x=p-q\sqrt{2}$ も解にもつことがわかる。

（注）　1)　一般的に，$f(x)$ が有理数係数の多項式に対して，$x=p+q\sqrt{\alpha}$（p，q，α は有理数，$\sqrt{\alpha}$ は無理数）が $f(x)=0$ の解の1つであるならば，$f(x)=0$ は，$p+q\sqrt{\alpha}$ の“根共役”である $p-q\sqrt{\alpha}$ も解にもつ。

これは，$g(x)=\{x-(p+q\sqrt{\alpha})\}\{x-(p-q\sqrt{\alpha})\}=x^2-2px+p^2-q^2\alpha$ として，$f(x)$ を割ることを考えれば，上と同様に証明できる。

2)　一般的に，$f(x)$ が実数係数の多項式（有理数係数の多項式であってもよい）に対して，$x=p+qi$（p，q は実数，$q\neq0$）が $f(x)=0$ の解の1つであるならば，$f(x)=0$ は $p+qi$ の共役である $p-qi$ も解にもつ。

これも1)と同様に示せるが，以下に記す。

$$g(x)=\{x-(p+qi)\}\{x-(p-qi)\}=x^2-2px+p^2+q^2$$

として，$f(x)$ を割ると，その商を $Q(x)$，余りを $rx+s$（$Q(x)$ のすべての係数

は実数，r，s は実数）とおける。

すると，除法の式より

$$f(x)=g(x)Q(x)+rx+s$$

が成り立つ。$f(p+qi)=g(p+qi)=0$ とあわせて

$$r(p+qi)+s=0$$

である。$r\neq 0$ とすると

$$p+qi=-\frac{s}{r}$$

左辺 $p+qi$ は虚数，右辺 $-\frac{s}{r}$ は実数であるから，矛盾している。

ゆえに，$r=0$ がいえ，$s=0$ もいえる。すると

$$f(x)=g(x)Q(x)$$

と因数分解でき

$$f(x)=0 \iff g(x)=0 \text{ または } Q(x)=0$$
$$\iff \{x-(p+qi)\}\{x-(p-qi)\}=0 \text{ または } Q(x)=0$$
$$\iff x=p\pm qi \text{ または } Q(x)=0$$

となり，$f(x)=0$ は，（$p+qi$ の共役である）$x=p-qi$ も解にもつことがわかる。

(4)
$$(\sqrt{2}-3i)^2=-7-6\sqrt{2}i$$
$$(\sqrt{2}-3i)^3=(-7-6\sqrt{2}i)(\sqrt{2}-3i)$$
$$=-7\sqrt{2}-12i+21i-18\sqrt{2}$$
$$=-25\sqrt{2}+9i$$
$$(\sqrt{2}-3i)^4=(-7-6\sqrt{2}i)^2$$
$$=49+84\sqrt{2}i-72$$
$$=-23+84\sqrt{2}i$$

であるから，$x^4+kx^3+lx^2+mx+n=0$ が，$x=\sqrt{2}-3i$ を解にもつ条件は

$$(-23+84\sqrt{2}i)+k(-25\sqrt{2}+9i)+l(-7-6\sqrt{2}i)+m(\sqrt{2}-3i)+n=0$$

であり，整理すると

$$\{(-23-7l+n)+(-25k+m)\sqrt{2}\}+\{(9k-3m)+(84-6l)\sqrt{2}\}i=0$$

花子の最初の発言内容より，k，l，m，n が有理数であるから

$$(-23-7l+n)+(-25k+m)\sqrt{2}=0,\quad (9k-3m)+(84-6l)\sqrt{2}=0$$

さらに

$$-23-7l+n=0,\quad -25k+m=0,\quad 9k-3m=0,\quad 84-6l=0$$

がいえ，これを解くと

$k=\boxed{0}$，$l=\boxed{14}$，$m=\boxed{0}$，$n=\boxed{121}$　→テ，トナ，ニ，ヌネノ

(注)　一般的に，有理数係数の多項式 $f(x)$ に対して，x の方程式 $f(x)=0$ が，$x=p\sqrt{m}+qi$（p，q，m は有理数，$\sqrt{m}$ は無理数）を解にもつとき

$$p\sqrt{m}-qi,\quad -p\sqrt{m}+qi,\quad -p\sqrt{m}-qi$$

も $f(x)=0$ の解になる。

参考　$\alpha=p\sqrt{m}+qi$ とおく。ここで，p，q はともに0でない有理数とし，m は平方数でない自然数とする（それゆえ，$\sqrt{m}$ は無理数である）。

この α に対し，$\hat{\alpha}=-p\sqrt{m}+qi$ とおく（つまり，$\hat{\alpha}=\overline{-\alpha}$ である。ここで，$\overline{}$（バー）は共役な複素数を表す）。

有理数係数の多項式 $f(x)$ について，x の方程式 $f(x)=0$ が $x=\alpha$ を解にもつならば，$f(x)=0$ は $x=\hat{\alpha}$ も解にもつ。このことを証明しておく。

(証明)　$f(x)$ を $g(x)=(x-\alpha)(x-\overline{\alpha})(x-\hat{\alpha})(x-\overline{\hat{\alpha}})$ で割ることを考える。ここで

$$(x-\alpha)(x-\overline{\alpha})=x^2-2p\sqrt{m}x+(p^2m+q^2)$$

$$(x-\hat{\alpha})(x-\overline{\hat{\alpha}})=x^2+2p\sqrt{m}x+(p^2m+q^2)$$

であり，$2p\sqrt{m}=u$，$p^2m+q^2=v$ とおくと

$$\begin{aligned}g(x)&=(x^2+v-ux)(x^2+v+ux)=(x^2+v)^2-(ux)^2\\&=x^4+(2v-u^2)x^2+v^2\end{aligned}$$

この式において，$2v-u^2$ と v^2 は有理数であるから，$g(x)$ は有理数係数の多項式である。よって，$f(x)$ を $g(x)$ で割った商を $Q(x)$，余りを ax^3+bx^2+cx+d とおくと，$Q(x)$，ax^3+bx^2+cx+d はともに有理数係数の多項式で

$$f(x)=g(x)Q(x)+ax^3+bx^2+cx+d$$

ここで，仮定より，ax^3+bx^2+cx+d は x^2-ux+v で割り切れる。このことから

$$a=b=c=d=0$$

を示せばよい。

ax^3+bx^2+cx+d を $x^2-ux+v=x^2-2p\sqrt{m}x+v$ で割ると，商が $ax+(b+2pa\sqrt{m})$，余りが

$$(c-av+4p^2am+2pb\sqrt{m})x+\{d-v(b+2pa\sqrt{m})\}$$

で，これが割り切れることから

$$\begin{cases}c-av+4p^2am+2pb\sqrt{m}=0\\d-v(b+2pa\sqrt{m})=d-vb-2pav\sqrt{m}=0\end{cases}$$

であり，$c-av+4p^2am$，$2pb$，$d-vb$，$-2pav$ はそれぞれ有理数であるが，$\sqrt{m}$ は無理数より

$$c - av + 4p^2am = 0, \quad b = 0, \quad d - vb = 0, \quad a = 0$$

$$\therefore \quad a = b = c = d = 0$$

（証明終）

解説

実数係数の多項式 $f(x)$ に対して，x の方程式 $f(x)=0$ が虚数解 α をもつとき，その共役な複素数 $\overline{\alpha}$ も $f(x)=0$ の解となるというテーマを深掘りした問いである。

特に２次方程式の場合は，$x^2-2x+4=0$ を解くと

$$x = 1 \pm \sqrt{3}i$$

が解であり，$1+\sqrt{3}i$ とこれと共役な複素数である $1-\sqrt{3}i$ の２つともが解となる。

さらに，$x^2-2x-1=0$ を解くと

$$x = 1 \pm \sqrt{2}$$

が解であり，$1+\sqrt{2}$，$1-\sqrt{2}$ の２つともが解となる。このような数学的な仕組みにふだんから注目しておけば，本問は身近に感じられたかもしれない。

これらの事実は２次方程式 $ax^2+bx+c=0$ の２解が

$$x = \frac{-b \pm \sqrt{b^2-4ac}}{2a}$$

と表されることによる。

問題 1 — 3　演習問題

オリジナル問題

太郎さんと花子さんは，授業で扱われた問題の解き方について話をしている。会話を読んで，下の問いに答えよ。

太郎：昨日，学校の授業で先生がある問題に対して，テクニカルな解き方をしていたんだ。まずは，その問題を見てみてよ。

問題

$x^2-2x-4=0$ の２つの解を α，β とするとき

$$f(\alpha)=\beta,\quad f(\beta)=\alpha,\quad f(2)=4$$

を満たす２次式 $f(x)$ を求めよ。

太郎：そして，これがそのときのノートだよ。

板書ノート

解と係数の関係から　$\alpha+\beta=-\dfrac{-2}{1}=2$

$g(x)=f(x)+x-2$ とおくと

$$g(\alpha)=f(\alpha)+\alpha-2=\beta+\alpha-2=2-2=0$$

$$g(\beta)=f(\beta)+\beta-2=\alpha+\beta-2=2-2=0$$

因数定理から，多項式 $g(x)$ は，定数 k を用いて

$$g(x)=k(x-\alpha)(x-\beta)=k(x^2-2x-4)$$

と表される。ここで，$f(2)=4$ より

$$g(2)=f(2)+2-2=4+2-2=4$$

$$g(2)=k(2^2-2\cdot 2-4)=-4k$$

であるから　$k=-1$

したがって　$g(x)=-(x^2-2x-4)$

$\therefore\ f(x)=g(x)-x+2$

$\quad=-(x^2-2x-4)-x+2$

$= -x^2 + x + 6$

太郎：直接 $f(x)$ を求めようとするのではなく，$f(x)$ から器用に作った $g(x)$ という多項式をもとに，間接的に $f(x)$ を求めているんだ。

花子：なるほど。

太郎：$g(x)$ は $g(\alpha)=g(\beta)=0$ を満たすように作られているんだ。

$f(x)$ に対して，$f(x)+x$ という多項式を考える。これを $h(x)$ とおくことにすると，仮定 $f(\alpha)=\beta$，$f(\beta)=\alpha$ から

$$h(\alpha)=f(\alpha)+\alpha=\beta+\alpha$$

$$h(\beta)=f(\beta)+\beta=\alpha+\beta$$

となる。つまり，$h(x)$ は $x=\alpha$ と $x=\beta$ で同じ値 $\alpha+\beta$ をとるんだよ。

花子：だから，$h(x)-(\alpha+\beta)$ を考えれば，$x=\alpha$ および $x=\beta$ で値を 0 とする多項式が作れるんだ。

太郎：その通り。

花子：そして，解と係数の関係から，$\alpha+\beta=-\dfrac{-2}{1}=2$ とすぐにわかるから，$h(x)-2$，つまり $f(x)+x-2$ を考えたんだね。これが $g(x)$ の正体ということか。

因数定理から，$g(x)$ を

$$g(x)=k(x-\alpha)(x-\beta)=k(x^2-2x-4)$$

という形で捉えれば，あとは，まだ使っていない条件 $f(2)=4$ を $g(x)$ の条件に変換して，k を決めればよいわけだ。

太郎：そうだよ。すると，$f(x)$ も求まる。まさに職人芸のような解答だよ。確認も兼ねて，類題を解いてみたいな。

花子：いいよ。これをやってみて。

(1)　$x^2+3x-1=0$ の 2 つの解を α，β とするとき

$$f(\alpha)=\beta^2-2\beta,\quad f(\beta)=\alpha^2-2\alpha,\quad f(-2)=3$$

を満たす 2 次式 $f(x)$ を求めよ。

太郎：なんだか，ひねられたな。でも，発想を理解したから解けると思うな。

花子：どうだろうね。同じようにできるかわからないよ。

太郎：ひらめいた!!　こうすればできるよ。

$x=\alpha,\ \beta$ が $x^2+3x-1=0$ の2解であるから

$$\alpha^2=\boxed{アイ}\alpha+\boxed{ウ},\quad \beta^2=\boxed{アイ}\beta+\boxed{ウ}$$

が成り立つ。これより

$$\alpha^2-2\alpha=\boxed{エオ}\alpha+\boxed{ウ},\quad \beta^2-2\beta=\boxed{エオ}\beta+\boxed{ウ}$$

であることに着目し，多項式 $g(x)$ を

$$g(x)=f(x)-(\boxed{カ})$$

で定めると

$$g(\alpha)=g(\beta)=0$$

が成り立つ。すると，因数定理によって，多項式 $g(x)$ は，定数 k を用いて

$$g(x)=k(x-\alpha)(x-\beta)=k(\boxed{キ})$$

と表せる。

> 太郎：あとは，$f(-2)=3$ という条件を $g(-2)$ の条件に書き換えて，k を決めれば $g(x)$ が求まるし，そこから $f(x)$ がわかるね。$f(x)$ は $\boxed{ク}$ だね。

$\boxed{カ}$ ～ $\boxed{ク}$ については，最も適当なものを，次の⓪～⑨のうちからそれぞれ1つずつ選べ。

⓪ $5x+14$	① $5x-14$	② $5x+16$
③ $5x-16$	④ $x^2+8x+15$	⑤ $x^2+8x-15$
⑥ $x^2-8x+15$	⑦ $x^2-8x-15$	⑧ x^2+3x-1
⑨ $-x^2-3x+1$		

(2) $x^2-3x+1=0$ の2解を $x=\alpha,\ \beta$ とするとき

$$f(\alpha)=\frac{1}{\beta},\quad f(\beta)=\frac{1}{\alpha},\quad f(2)=4$$

を満たす2次式 $f(x)$ を求めると

$$f(x)=\boxed{ケコ}x^2+\boxed{サ}x-\boxed{シ}$$

となる。

問題 1－3　解答解説

解答記号	アイ	ウ	エオ	カ	キ	ク	ケコx^2＋サx－シ
正　解	-3	1	-5	②	⑧	④	$-2x^2+7x-2$
チェック							

《多項式，因数定理，解と係数の関係》

会話設定

(1)　花子さんが出した問題を解いていこう。

$x=\alpha,\ \beta$ が $x^2+3x-1=0$ の 2 解であるから

$$\alpha^2=\boxed{-3}\alpha+\boxed{1},\ \ \beta^2=-3\beta+1 \quad \to \text{アイ，ウ}$$

が成り立つ。これより

$$f(\beta)=\alpha^2-2\alpha=\boxed{-5}\alpha+1,\ \ f(\alpha)=\beta^2-2\beta=-5\beta+1 \quad \to \text{エオ}$$

である。

解と係数の関係から，$\alpha+\beta=-3$ であることより

$$\begin{cases} f(\alpha)-5\alpha=-5\beta+1-5\alpha=-5(\alpha+\beta)+1=16 \\ f(\beta)-5\beta=-5\alpha+1-5\beta=-5(\alpha+\beta)+1=16 \end{cases}$$

このことに着目して，多項式 $g(x)$ を

$$g(x)=f(x)-(\boldsymbol{5x+16}) \quad \boxed{②} \quad \to \text{カ}$$

で定めると

$$\begin{cases} g(\alpha)=f(\alpha)-5\alpha-16=(-5\beta+1)-5\alpha-16=-5(\alpha+\beta)-15=0 \\ g(\beta)=f(\beta)-5\beta-16=(-5\alpha+1)-5\beta-16=-5(\alpha+\beta)-15=0 \end{cases}$$

が成り立つ。

すると，因数定理によって，多項式 $g(x)$ は，定数 k を用いて

$$g(x)=k(x-\alpha)(x-\beta)=k(\boldsymbol{x^2+3x-1}) \quad \boxed{⑧} \quad \to \text{キ}$$

と表せる。

$f(-2)=3$ より，$g(-2)=f(-2)-5\cdot(-2)-16=3+10-16=-3$ であるから

$$g(-2)=k\{(-2)^2+3\cdot(-2)-1\}=-3k=-3$$

これより　　$k=1$

ゆえに　　$g(x)=x^2+3x-1$

よって，$f(x)$ は

$$f(x)=g(x)+(5x+16)=(x^2+3x-1)+5x+16=\boldsymbol{x^2+8x+15} \quad \boxed{④} \quad \to \text{ク}$$

である。

(2)　$x=\alpha,\ \beta$ は次を満たす。

$$x-3+\frac{1}{x}=0 \qquad \frac{1}{x}=-x+3$$

解と係数の関係から，$\alpha+\beta=-\dfrac{-3}{1}=3$ であることに注意して

$$g(x)=f(x)-x$$

とおくと

$$\begin{cases} g(\alpha)=f(\alpha)-\alpha=\dfrac{1}{\beta}-\alpha=(-\beta+3)-\alpha=3-(\alpha+\beta)=0 \\ g(\beta)=f(\beta)-\beta=\dfrac{1}{\alpha}-\beta=(-\alpha+3)-\beta=3-(\alpha+\beta)=0 \end{cases}$$

$\alpha\neq\beta$ より，2次式 $g(x)$ は定数 k を用いて

$$g(x)=k(x-\alpha)(x-\beta)=k(x^2-3x+1)$$

と表される。ここで

$$\begin{cases} g(2)=k(2^2-3\cdot2+1)=-k \\ g(2)=f(2)-2=4-2=2 \end{cases}$$

であるから，$-k=2$ より $k=-2$ を得る。

したがって

$$g(x)=-2(x^2-3x+1)=-2x^2+6x-2$$

とわかり

$$f(x)=g(x)+x=(-2x^2+6x-2)+x$$
$$=\boxed{-2}x^2+\boxed{7}x-\boxed{2}$$　→ケコ，サ，シ

である。

解 説

本問は，2次式の決定問題であるが，誘導の方法で考えるというストーリー性のある内容である。いきなり誘導の意図を理解するのは難しいが，前半の会話文が解法の説明になっているので，「どのような発想で問題が解決できたか」をきちんと理解していれば，後半の問いにも活かすことができる。

(2)では，(1)の内容に帰着させるために少し工夫を要する。

第2章

図形と方程式

第 2 章　図形と方程式　傾向分析

「いろいろな式」と同様に，独立した大問や中問が出題されることは少ないですが，2022 年度本試験では「三角関数」の代わりに，2022 年度追試験では「指数・対数関数」の代わりに出題されました。独立した大問や中問がない場合でも，「微分・積分」や「指数・対数関数」の問題に関連して問われることも多いです。新課程『数学Ⅱ，数学B，数学C』の試作問題では独立した大問・中問は出題されませんでした。

単独で問われるにせよ，融合的に問われるにせよ，**円と直線の位置関係**，**点と直線の距離の公式**，**円の方程式**，**軌跡と領域**などは重要な項目ですので，しっかりと対策しておきましょう。

共通テストでの出題項目

試　験	大　問	出題項目	配　点
2022 本試験	第 1 問〔1〕 （演習問題 2 − 1）	不等式の表す領域，円と直線 会話設定　考察・証明	15 点
2022 追試験	第 1 問〔1〕	不等式と領域	15 点

学習指導要領における内容

ア．次のような知識及び技能を身に付けること。

（ア）　座標を用いて，平面上の線分を内分する点，外分する点の位置や二点間の距離を表すこと。

（イ）　座標平面上の直線や円を方程式で表すこと。

（ウ）　軌跡について理解し，簡単な場合について軌跡を求めること。

（エ）　簡単な場合について，不等式の表す領域を求めたり領域を不等式で表したりすること。

イ．次のような思考力，判断力，表現力等を身に付けること。

（ア）　座標平面上の図形について構成要素間の関係に着目し，それを方程式を用いて表現し，図形の性質や位置関係について考察すること。

（イ）　数量と図形との関係などに着目し，日常の事象や社会の事象などを数学的に捉え，コンピュータなどの情報機器を用いて軌跡や不等式の表す領域を座標平面上に表すなどして，問題解決に活用したり，解決の過程を振り返って事象の数学的な特徴や他の事象との関係を考察したりすること。

問題 2－1　演習問題

2022年度本試験　第1問〔1〕

座標平面上に点A(－8，0)をとる。また，不等式

$$x^2+y^2-4x-10y+4 \leqq 0$$

の表す領域を D とする。

(1) 領域 D は，中心が点(ア ， イ)，半径が ウ の円の

エ である。

エ の解答群

⓪ 周	① 内　部	② 外　部
③ 周および内部	④ 周および外部	

以下，点(ア ， イ)をQとし，方程式

$$x^2+y^2-4x-10y+4=0$$

の表す図形を C とする。

⑵　点Ａを通る直線と領域Dが共有点をもつのはどのようなときかを考えよう。

(i)　⑴により，直線$y=$ **オ** は点Ａを通るCの接線の一つとなることがわかる。

太郎さんと花子さんは点Ａを通るCのもう一つの接線について話している。

点Ａを通り，傾きがkの直線をℓとする。

太郎：直線ℓの方程式は$y=k(x+8)$と表すことができるから，これを

$$x^2+y^2-4x-10y+4=0$$

に代入することで接線を求められそうだね。

花子：x軸と直線AQのなす角のタンジェントに着目することでも求められそうだよ。

(ii)　太郎さんの求め方について考えてみよう。

$y=k(x+8)$ を $x^2+y^2-4x-10y+4=0$ に代入すると，x についての2次方程式

$$(k^2+1)x^2+(16k^2-10k-4)x+64k^2-80k+4=0$$

が得られる。この方程式が［カ］ときの k の値が接線の傾きとなる。

［カ］の解答群

- ⓪　重解をもつ
- ①　異なる二つの実数解をもち，一つは0である
- ②　異なる二つの正の実数解をもつ
- ③　正の実数解と負の実数解をもつ
- ④　異なる二つの負の実数解をもつ
- ⑤　異なる二つの虚数解をもつ

(iii)　花子さんの求め方について考えてみよう。

x 軸と直線AQのなす角を θ $\left(0<\theta\leqq\frac{\pi}{2}\right)$ とすると

$$\tan\theta=\frac{\text{キ}}{\text{ク}}$$

であり，直線 $y=$［オ］と異なる接線の傾きは $\tan$［ケ］と表すことができる。

［ケ］の解答群

⓪　θ	①　2θ	②　$\left(\theta+\frac{\pi}{2}\right)$
③　$\left(\theta-\frac{\pi}{2}\right)$	④　$(\theta+\pi)$	⑤　$(\theta-\pi)$
⑥　$\left(2\theta+\frac{\pi}{2}\right)$	⑦　$\left(2\theta-\frac{\pi}{2}\right)$	

(iv) 点Aを通るCの接線のうち，直線$y=$ [オ] と異なる接線の傾きをk_0とする。このとき，(ii)または(iii)の考え方を用いることにより

$$k_0=\frac{\boxed{コ}}{\boxed{サ}}$$

であることがわかる。

直線ℓと領域Dが共有点をもつようなkの値の範囲は [シ] である。

[シ] の解答群

⓪ $k>k_0$	① $k \geqq k_0$
② $k<k_0$	③ $k \leqq k_0$
④ $0<k<k_0$	⑤ $0 \leqq k \leqq k_0$

問題 2－1 解答解説

解答記号	(ア, イ)	ウ	エ	オ	カ	$\frac{キ}{ク}$	ケ	$\frac{コ}{サ}$	シ
正解	(2, 5)	5	③	0	⓪	$\frac{1}{2}$	①	$\frac{4}{3}$	⑤
チェック									

《不等式の表す領域，円と直線》

会話設定　考察・証明

(1) 領域 D は，不等式

$$x^2+y^2-4x-10y+4 \leqq 0$$

で表され，この不等式は

$$(x-2)^2+(y-5)^2 \leqq 5^2$$

と変形されるから，領域 D は，中心が点（ 2 , 5 ）→ア，イ，半径が 5 →ウ の円の**周および内部** ③ →エ である。

(2) 右図において

$$\mathrm{A}(-8,\ 0),\ \mathrm{Q}(2,\ 5)$$

$$C : x^2+y^2-4x-10y+4=0 \quad \cdots\cdots ①$$

である。

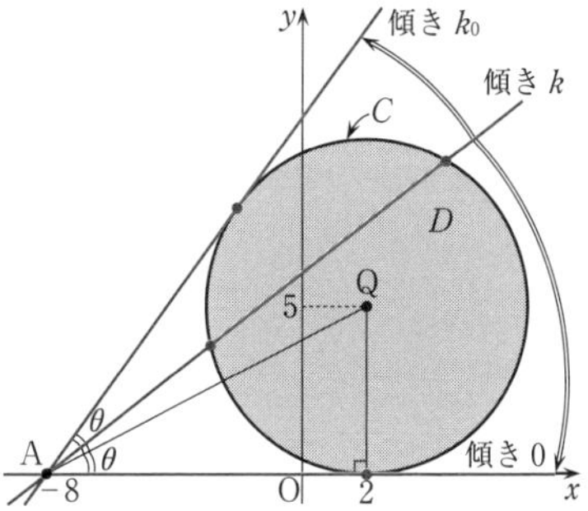

(i) 右図より，直線 $y=$ 0 →オ は点Aを通る C の接線の一つとなることがわかる。

(ii) 点Aを通り，傾きが k の直線 ℓ の方程式は

$$y=k(x+8)$$

と表せる。これを①に代入すると

$$x^2+\{k(x+8)\}^2-4x-10k(x+8)+4=0$$

すなわち

$$(k^2+1)x^2+2(8k^2-5k-2)x+(64k^2-80k+4)=0 \quad \cdots\cdots ②$$

が得られる。この方程式が**重解をもつ** ⓪ →カ ときの k の値が接線の傾きとなる。

(iii) x 軸と直線AQのなす角を $\theta \left(0<\theta \leqq \frac{\pi}{2}\right)$ とすると，上図より

$$\tan\theta=\frac{5-0}{2-(-8)}=\frac{5}{10}=\frac{\boxed{1}}{\boxed{2}}\quad\to\frac{キ}{ク}$$

であり，直線 $y=0$ と異なる接線の傾きは **tan 2θ** $\boxed{①}$ →ケ と表すことができる。

(iv) 点Aを通る C の接線のうち，直線 $y=0$ と異なる接線の傾きを k_0 とするとき，(2)の(iii)の考え方を用いれば

$$k_0=\tan 2\theta=\frac{2\tan\theta}{1-\tan^2\theta}\quad（2倍角の公式）$$

$$=\frac{2\times\frac{1}{2}}{1-\left(\frac{1}{2}\right)^2}=\frac{1}{\frac{3}{4}}=\frac{\boxed{4}}{\boxed{3}}\quad\to\frac{コ}{サ}$$

であることがわかる。

直線 ℓ と領域 D が共有点をもつような k の値の範囲は，前ページの図より，

$\boldsymbol{0\leqq k\leqq k_0}$ $\boxed{⑤}$ →シ である。

(注) (2)の(ii)の考え方を用いて k_0 を求めると次のようになる。

2次方程式②の判別式を D_1 とし，$D_1=0$ となるときの k の値を求める。

$$\frac{D_1}{4}=(8k^2-5k-2)^2-(k^2+1)(64k^2-80k+4)$$

$$=(64k^4+25k^2+4-80k^3+20k-32k^2)$$

$$-(64k^4-80k^3+4k^2+64k^2-80k+4)$$

$$=-75k^2+100k=-75k\left(k-\frac{4}{3}\right)=0$$

より，$k=0,\ \frac{4}{3}$ となり，$k_0\neq 0$ より，$k_0=\frac{4}{3}$ である。

解 説

(1) 不等式 $(x-a)^2+(y-b)^2\leqq r^2$ $(r>0)$ の表す領域は，点 $(a,\ b)$ を中心とする半径 r の円の周および内部である。

(2) k_0 の値を求めるには，「点と直線の距離の公式」を用いることもできる。

点Q $(2,\ 5)$ と直線 $y=k_0(x+8)$ すなわち $k_0x-y+8k_0=0$ の距離が半径の5に等しいと考えて

$$\frac{|k_0\times 2-5+8k_0|}{\sqrt{k_0{}^2+(-1)^2}}=5$$

を解けばよい。分母を払って，両辺を5で割ると

$$|2k_0-1|=\sqrt{k_0{}^2+1}$$

両辺を平方して

$$4k_0{}^2-4k_0+1=k_0{}^2+1\qquad 3k_0{}^2-4k_0=0$$

2－1

$k_0 \neq 0$ より　　$k_0=\dfrac{4}{3}$

と求まる。（注）の方法より簡単であり，身につけておくべき方法である。

なお，2次方程式②が実数解をもつ条件（$D_1 \geqq 0$）として，$0 \leqq k \leqq k_0=\dfrac{4}{3}$ が求まる。

$$\frac{D_1}{4}=-75k\left(k-\frac{4}{3}\right) \geqq 0 \quad \text{すなわち} \quad k\left(k-\frac{4}{3}\right) \leqq 0$$

より，$0 \leqq k \leqq \dfrac{4}{3}$ である。

問題 2 — 2　演習問題

オリジナル問題

以下は，放課後，花子さんと太郎さんが教室で話している場面である。会話を読んで，下の問いに答えよ。

花子：今日，授業でこのような公式を習ったね。

今日習った公式

xy 座標平面において，原点を中心とする半径 r (>0) の円 $C : x^2+y^2=r^2$ 上の点 $(p,\ q)$ における接線 l の方程式は

$$px+qy=r^2$$

で与えられる。

花子：この接線の公式は，円 C の式を $x \cdot x+y \cdot y=r^2$ とみて左辺の x，y を1つずつ接点の座標に置き換えた形になっているから，すぐに覚えちゃったよ。

太郎：ぼくも同じ覚え方をしたよ。例えば，次のように適用することができるね。xy 座標平面において，円 $C : x^2+y^2=25$ 上の点 $(3,\ 4)$ における接線 l の方程式は，公式から

$$3x+4y=25$$

とわかる。

花子：グラフソフトで図を描いてみよう。

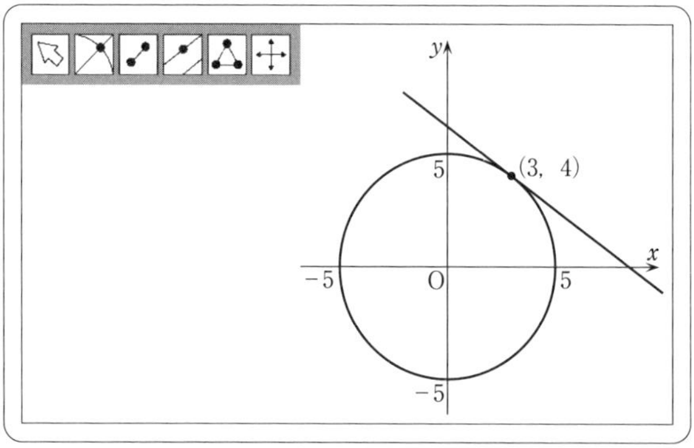

花子：確かに，$3^2+4^2=25$ なので，点 $(3,\ 4)$ は円 C 上にあり，この点を接点として，円 C の接線を考えると，それが $l:3x+4y=25$ ということだね。

(1)　一般に，点 $(s,\ t)$ と直線 $ax+by+c=0$ との距離 d は

$d=$ ア

で与えられる。

ア の解答群

⓪	$\dfrac{\lvert as+bt+c\rvert}{\sqrt{a+b}}$	①	$\dfrac{\lvert as+bt+c\rvert}{\sqrt{s+t}}$	②	$\dfrac{as+bt+c}{\sqrt{a^2+b^2}}$	③	$\dfrac{as+bt+c}{\sqrt{s^2+t^2}}$
④	$\left\lvert\dfrac{as+bt+c}{\sqrt{s^2+t^2}}\right\rvert$	⑤	$\dfrac{\lvert as+bt+c\rvert}{\sqrt{a^2+b^2}}$	⑥	$\dfrac{\lvert as+bt+c\rvert}{\sqrt{s^2+t^2}}$		

太郎：このことを使えば，$l:3x+4y=25$ と原点との距離が5であることが容易に確認できるよ。すると，l と C は点 $(3,\ 4)$ で接している，つまり，C 上の点 $(3,\ 4)$ における C の接線が $l:3x+4y=25$ であることが納得できるね。

花子：今日の授業でこんな宿題が出たね。

宿題

xy 座標平面上に円 $C:x^2+y^2=5$ と点 $\mathrm{P}(3,\ -1)$ がある。点Pを通り，円 C に接する2本の接線と C との接点をQ，Rとするとき，直線QRの式を求めよ。

太郎：とりあえず，グラフソフトで図を描いてみよう。まずは，円 C を描こう。そして，点 $\mathrm{P}(3,\ -1)$ をとってみよう。円 C は原点を中心とする半径 $\sqrt{5}$ の円だね。

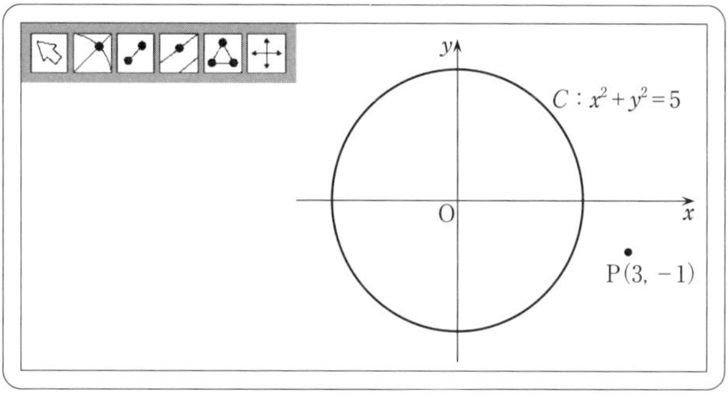

花子：点P(3,　−1) は円 C の外側にあるんだね。今日習った公式は円上の点における接線を求める公式だけど，この宿題は，接線は関わっていても，接線自体の式を求める問題ではないよね。

太郎：次に，この点P(3,　−1) から円 C に接線を引いてみるよ。接線を表示させてみるね。

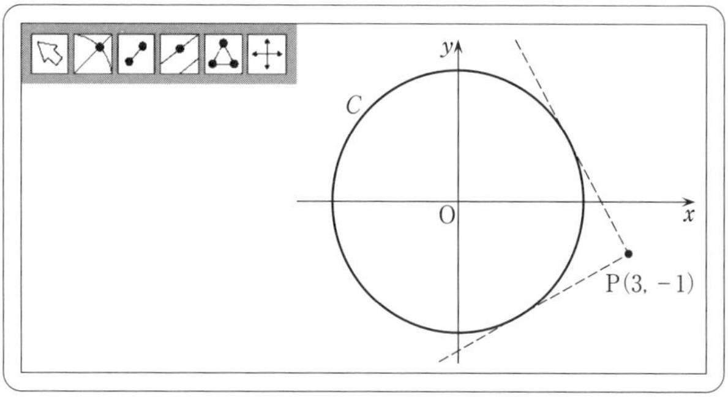

花子：接点の座標が知りたいね。接点も表示させてみるよ。

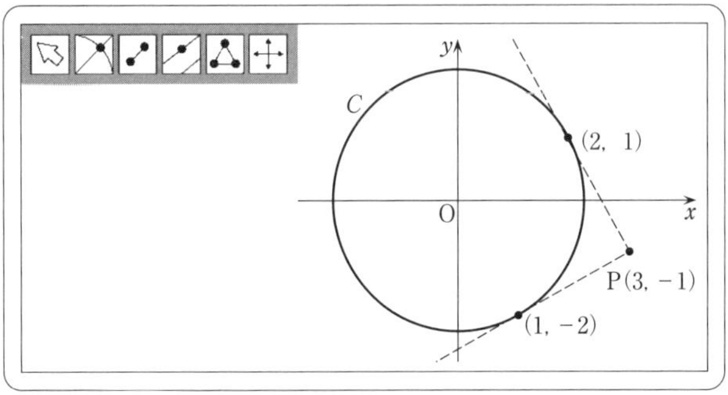

太郎：接点の座標はきれいな値だね。すると，直線 QR とは，２つの接点 $(1,\ -2)$ と $(2,\ 1)$ を通る直線のことだから，その式は

$$y=\frac{1-(-2)}{2-1}(x-2)+1 \quad \text{より} \quad 3x-y=5$$

とわかるね。

花子：あっ。この式は今日習った公式で，形式的に p を３，q を -1 としたものになっているよ。

太郎：確かにそうだね。偶然にしてはできすぎだな。もしかしたら，一般的に次のことがいえるのかな。

予想

xy 座標平面において，原点を中心とする半径 r (>0) の円 $C : x^2+y^2=r^2$ と，円 C の外部の点 $\mathrm{P}(p,\ q)$ がある。点Pを通り，円 C に接する２本の接線と C との接点をQ，Rとするとき，直線 QR の方程式は

$$px+qy=r^2$$

で与えられる。

先生：二人とも放課後まで勉強しているとは感心だね。なかなか良いところに気づいているな。君たちの予想は一般的に成り立つ事実なんだよ。今日教えた公式と同じ要領で，円外の点の座標を片方ずつ代入して作った１次式が表す直線は，「極線」と呼ばれており，円の外部の点を「極」といったりするんだよ。

太郎：やっぱり成り立つことだったんだね。

花子：証明したいな。

先生：この証明には何通りか方法がある。代表的な方法を3つ紹介しよう。
まずは，**証明その1**からだ。

(2)　**証明その1**

接点Qの座標を $(x_1,\ y_1)$，接点Rの座標を $(x_2,\ y_2)$ とすると，点Qにおける円 C の接線 l_{Q} の方程式は

［イ］

であり，この接線 l_{Q} が点 $\mathrm{P}(p,\ q)$ を通ることから

［ウ］

が成り立つ。同様に，点Rにおける円 C の接線 l_{R} の方程式は

［エ］

であり，この接線 l_{R} が点 $\mathrm{P}(p,\ q)$ を通ることから

［オ］

が成り立つ。

ここで，方程式 $px+qy=r^2$ ……(＊) で表される図形を考える。

まず，点 $\mathrm{P}(p,\ q)$ は円 C の外部の点であるから，原点とは異なる点である。つまり，$p^2+q^2\neq 0$ より，(＊) は x と y の1次式であるから，(＊)が表す図形は直線である。

ところで，［ウ］をみれば，この直線 (＊) が点［カ］を通ることがわかる。また，［オ］をみれば，この直線 (＊) が点［キ］を通ることがわかる。

ところが，点［カ］と点［キ］は相異なる2点であるので，この2点を通る直線はただ一つしか存在しない。つまり，(＊) が直線QRの方程式であることがわかる。

（証明終わり）

［イ］～［オ］の解答群

⓪ $x_1x+y_1y=r^2$	① $x_1x_2+y_1y_2=r^2$	② $x_1p+y_1q=r^2$	③ $px+qy=r^2$
④ $x_2{}^2+y_2{}^2=r^2$	⑤ $x_1{}^2+y_1{}^2=r^2$	⑥ $x_2p+y_2q=r^2$	⑦ $x_2x+y_2y=r^2$

［カ］，［キ］の解答群

⓪ O	① P	② Q	③ R

先生：では，次の**証明その2**に移ろう。**証明その1**での記号を引き続き使うことにする。

(3) **証明その2**

円の接点と円の中心を通る直線と接線は接点で直交することから，4点P，Q，O，Rは同一円周上に存在することがわかる。この円をDとする。円Dの直径は **ク** だから，円Dの方程式は

$$x^2+y^2 \boxed{ケ} =0$$

となる。すると，直線QRは，円Cと円Dとの2交点を通る直線として捉えることができる。これより，直線QRの式が得られる。　　　　　（証明終わり）

ク の解答群

⓪ OP	① OQ	② OR	③ PQ	④ PR	⑤ QR

ケ の解答群

⓪ $+x+y$	① $+px+qy$	② $-px-qy$
③ $+p^2+q^2$	④ $-p^2-q^2$	⑤ $+px+qy+r$

太郎：なるほど。直線QRを2円の交点を通る直線とみなして考えたわけですね。

先生：最後にみせる**証明その3**も**証明その2**と発想は似ている。同じ考え方を使うのだが，用いる円が少し違うのだよ。

(4) **証明その3**

点Pを中心とする半径PQ（＝PR）の円を考える。これを円Eとする。接点と中心を通る直線と接線は接点で直交することに注意すると，円Eの方程式は

コ

とわかる。すると，直線QRは，円Cと円Eとの2交点を通る直線として捉えることができる。これより，直線QRの式が得られる。　　　　　（証明終わり）

コ の解答群

⓪ $x^2+y^2+2px+2qy+r^2=0$	① $x^2+y^2-px-qy+r^2=0$
② $x^2+y^2-2px-2qy+r^2=0$	③ $x^2+y^2+px+qy+r^2=0$
④ $x^2+y^2-2px-2qy=0$	⑤ $x^2+y^2-px-qy=0$

問題 2 — 2　解答解説

解答記号	ア	イ	ウ	エ	オ	カ	キ	ク	ケ	コ
正　解	⑤	⓪	②	⑦	⑥	②	③	⓪	②	②
チェック										

《極線の方程式》　会話設定　ICT 活用　考察・証明

(1)　一般に，点 $(s,\ t)$ と直線 $ax+by+c=0$ との距離 d は

$$d=\frac{|\boldsymbol{as+bt+c}|}{\sqrt{\boldsymbol{a^2+b^2}}}\quad \boxed{⑤}\quad \to ア$$

で与えられる。

(2)　**証明その１**について，接点Qの座標を $(x_1,\ y_1)$，接点Rの座標を $(x_2,\ y_2)$ とすると，点Qにおける円 C の接線 l_Q の方程式は

$$\boldsymbol{x_1x+y_1y=r^2}\quad \boxed{⓪}\quad \to イ$$

であり，この接線 l_Q が点 $P(p,\ q)$ を通ることから

$$\boldsymbol{x_1p+y_1q=r^2}\quad \boxed{②}\quad \to ウ$$

が成り立つ。同様に，点Rにおける円 C の接線 l_R の方程式は

$$\boldsymbol{x_2x+y_2y=r^2}\quad \boxed{⑦}\quad \to エ$$

であり，この接線 l_R が点 $P(p,\ q)$ を通ることから

$$\boldsymbol{x_2p+y_2q=r^2}\quad \boxed{⑥}\quad \to オ$$

が成り立つ。

方程式 $px+qy=r^2$ ……(＊) は x と y の１次式であるから，(＊) が表す図形は直線であり，$x_1p+y_1q=r^2$ をみれば，この直線 (＊) が点 $Q(x_1,\ y_1)$ $\boxed{②}$ →カ を通ることがわかる。

また，$x_2p+y_2q=r^2$ をみれば，この直線 (＊) が点 $R(x_2,\ y_2)$ $\boxed{③}$ →キ を通ることがわかる。

ところが，点Qと点Rは相異なる２点であるので，この２点を通る直線はただ一つしか存在しない。つまり，(＊) が直線 QR の方程式であることがわかる。

(3)　**証明その２**について，円の接点と円の中心を通る直線と接線は接点で直交することから，４点 P，Q，O，R は同一円周上に存在することがわかる。この円を D とすると，$\angle OQP=90^\circ$ であるから，円 D の直径は **OP** $\boxed{⓪}$ →ク である。

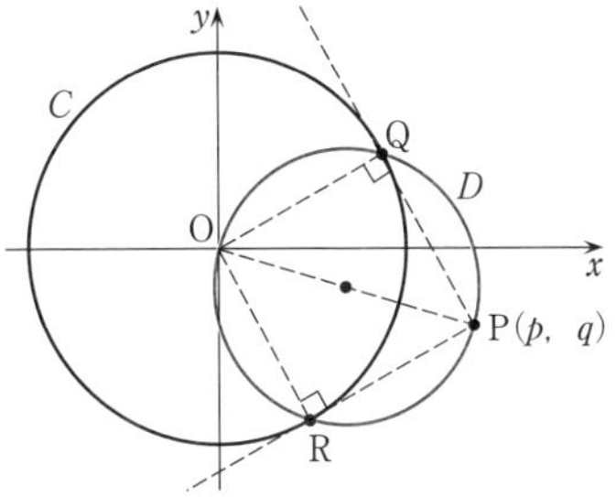

円 D は，OP の中点 $\left(\dfrac{p}{2},\ \dfrac{q}{2}\right)$ を中心とする半径 $\dfrac{1}{2}$OP の円であるから，円 D の方程式は

$$\left(x-\frac{p}{2}\right)^2+\left(y-\frac{q}{2}\right)^2=\left(\frac{\sqrt{p^2+q^2}}{2}\right)^2$$

つまり

$$x^2+y^2-\boldsymbol{px}-\boldsymbol{qy}=0 \quad \boxed{②} \quad \to ケ$$

となる。すると，直線 QR は，円 C と円 D との 2 交点を通る直線として捉えることができる。これより，直線 QR の式が

$$(x^2+y^2-r^2)-(x^2+y^2-px-qy)=0 \quad つまり \quad px+qy=r^2$$

となることがわかる。

(4) **証明その 3** について，点 P を中心とする半径 PQ（＝PR）の円を考える。これを円 E とする。

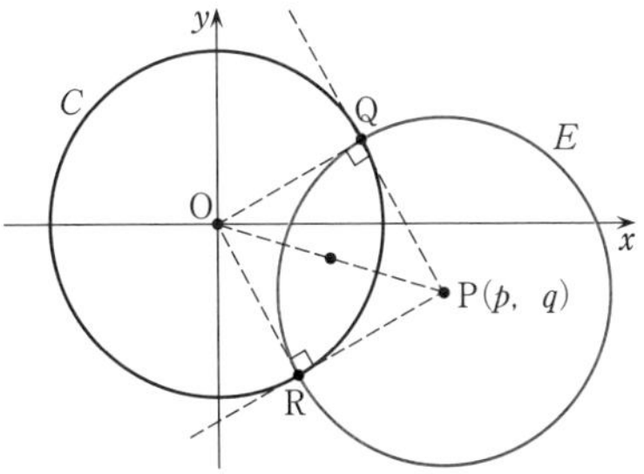

接点と中心を通る直線と接線は接点で直交することに注意して，直角三角形 OPQ において三平方の定理を用いると

$$PQ^2=OP^2-OQ^2=(p^2+q^2)-r^2$$

であるから，円 E の方程式は

$$(x-p)^2+(y-q)^2=(p^2+q^2)-r^2$$

つまり

$$x^2+y^2-2px-2qy+r^2=0$$ ② →コ

とわかる。すると，直線QRは，円Cと円Eとの2交点を通る直線として捉えることができる。これより，直線QRの式が

$$(x^2+y^2-r^2)-(x^2+y^2-2px-2qy+r^2)=0 \quad つまり \quad px+qy=r^2$$

となることがわかる。

解説

ここでは，**証明その2**や**証明その3**の最後の議論で用いた，2つの図形の共有点をすべて通るような別の図形の式を求める“束（そく）”の考え方を解説しておく。

この束の考え方を用いると，点の座標を計算することなく，すべての共有点を通る別の図形の式が簡単に作れてしまい，条件を提示された際には，共有点を通る図形のうち指定された条件をも満たすようにパラメーターを調整することで目的が達せられる優れた技法である。ぜひとも習得してもらいたい。

束

$f(x,\ y)$ や $g(x,\ y)$ は $x,\ y$ の多項式であるとする。xy 平面内の部分集合

$$F=\{(x,\ y)\,|\,f(x,\ y)=0\},\qquad G=\{(x,\ y)\,|\,g(x,\ y)=0\}$$

に対して，$F\cap G\neq\emptyset$ とする。つまり，図形Fと図形Gは共有点をもつとする。このとき

$$H_{l,\ k}=\{(x,\ y)\,|\,lf(x,\ y)+kg(x,\ y)=0\}\supset F\cap G$$

すなわち，図形 $H_{l,\ k}=\{(x,\ y)\,|\,lf(x,\ y)+kg(x,\ y)=0\}$ はFとGのすべての共有点を通る図形である。$\{H_{l,\ k}\,|\,l,\ k は実数\}$ をFとGの図形束（pencil）という。

理屈は簡単である。点 $(p,\ q)$ をFとGの任意の交点とすると，$(p,\ q)\in H_{l,\ k}$ である。なぜなら

$$lf(p,\ q)+kg(p,\ q)=l\times0+k\times0=0+0=0$$

であるから。

点が図形上にあることはその点の座標が図形を表す方程式を満たすことである，ということに注意して，言い換えただけの話である。すると，指定された図形を求めることは，条件を満たす式を求めることと理解でき，“つじつまが合うような式を作ろう”というのが束を利用する際の心得である。

本問では，2つの円の2交点を通る直線の方程式を求める際に，この“束”の考え方を利用している。

問題　２－３　演習問題

オリジナル問題

Oを原点とするxy平面上に放物線$C：y=x^2$と円$E：x^2+(y-2)^2=1$がある。

(1)　原点Oから円Eに引いた２本の接線と放物線Cとの交点をA，Bとするとき，直線ABと円Eとの位置関係は，次の⓪～②のうち［ア］である。

［ア］の解答群

⓪　２点で交わる	①　接する	②　共有点をもたない

(2)　点L(2，4)から円Eに引いた２本の接線と放物線Cとの交点をM，Nとするとき，直線MNと円Eとの位置関係は，次の⓪～②のうち［イ］である。

［イ］の解答群

⓪　２点で交わる	①　接する	②　共有点をもたない

(3)　点P(3，9)から円Eに引いた２本の接線と放物線Cとの交点をQ，Rとするとき，直線QRと円Eとの位置関係は，次の⓪～②のうち［ウ］である。

［ウ］の解答群

⓪　２点で交わる	①　接する	②　共有点をもたない

問題 2 — 3　解答解説

解答記号	ア	イ	ウ
正　解	①	①	①
チェック			

《円と直線との位置関係》　考察・証明

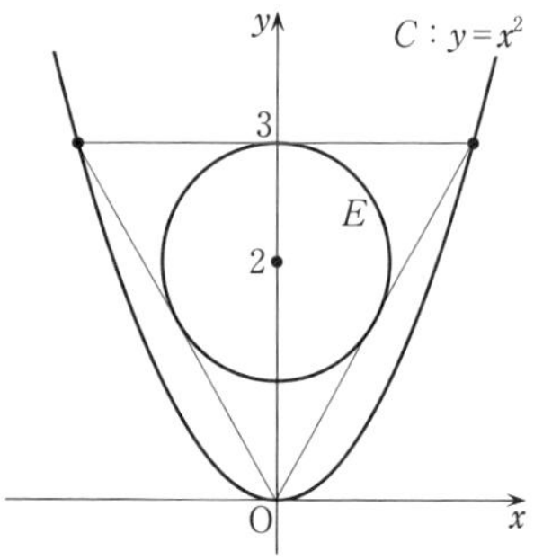

(1)　原点を通る傾き m の直線 $y=mx$ すなわち $mx-y=0$ が円 $E: x^2+(y-2)^2=1$ と接する条件は，直線 $mx-y=0$ と円 E の中心 $(0,\ 2)$ との距離が1であること，つまり $\dfrac{|m\cdot 0-2|}{\sqrt{m^2+1}}=1$ より

$$m=\pm\sqrt{3}$$

$y=\sqrt{3}x$ と放物線 C との原点以外の交点は $(\sqrt{3},\ 3)$ であり，$y=-\sqrt{3}x$ と放物線 C との原点以外の交点は $(-\sqrt{3},\ 3)$ であるから，直線 AB の式は，$y=3$ である。

これと円 E の中心 $(0,\ 2)$ との距離は1であり，円 E の半径と等しいので，直線 AB と円 E とは接する。 ①　→ア

(2)・(3)　本問は，愚直に取り組むと同じような計算を何度もしなければならなくなる。そこで，数値が変わっても結果が利用できるように初めから一般的な設定で文字を用いて計算をしておく。

放物線 $C: y=x^2$ 上の相異なる2点 $(a,\ a^2)$，$(t,\ t^2)$ を通る直線は

$$y=(a+t)x-at$$

つまり

$$(a+t)x-y-at=0$$

である。この直線と円 E の中心 $(0,\ 2)$ との距離は

$$\frac{|at+2|}{\sqrt{(a+t)^2+1}}$$

であるから，この直線と円 E が接する条件は

$$\frac{|at+2|}{\sqrt{(a+t)^2+1}}=1$$

$$(at+2)^2=(a+t)^2+1$$

$$(a^2-1)t^2+2at+(3-a^2)=0 \quad \cdots\cdots(*)$$

である。

$a \neq \pm 1$ のとき，（＊）は t の２次方程式であり，判別式 D について

$$\frac{D}{4}=a^2-(a^2-1)(3-a^2)=a^4-3a^2+3=\left(a^2-\frac{3}{2}\right)^2+\frac{3}{4}$$

は a によらずつねに正の値である。すなわち，± 1 以外のすべての実数 a に対して，（＊）は異なる２つの実数解をもつ。これらを t_1，t_2（$t_1<t_2$）とする。

$(t_1,\ t_1{}^2)$ と $(t_2,\ t_2{}^2)$ を通る直線は

$$(t_1+t_2)x-y-t_1t_2=0$$

と表される。

解と係数の関係より，$t_1+t_2=-\dfrac{2a}{a^2-1}$，$t_1t_2=\dfrac{3-a^2}{a^2-1}$ であるから

$$-\frac{2a}{a^2-1}x-y-\frac{3-a^2}{a^2-1}=0$$

$$2ax+(a^2-1)y+(3-a^2)=0$$

となる。

これと円 E の中心 $(0,\ 2)$ との距離は

$$\frac{|2(a^2-1)+(3-a^2)|}{\sqrt{(2a)^2+(a^2-1)^2}}=\frac{|a^2+1|}{\sqrt{a^4+2a^2+1}}=\frac{|a^2+1|}{\sqrt{(a^2+1)^2}}=\frac{|a^2+1|}{|a^2+1|}=1$$

である。

まとめると，± 1 でないすべての実数 a に対して，点 $(a,\ a^2)$ から円 E に接線を引くと，接線と放物線 C とは異なる２つの交点をもち，この２交点を通る直線はつねに円 E に接する。

すなわち，(2)の直線 MN は円 E に接し，(3)の直線 QR は円 E に接する。よって，いずれも ① →イ，ウ である。

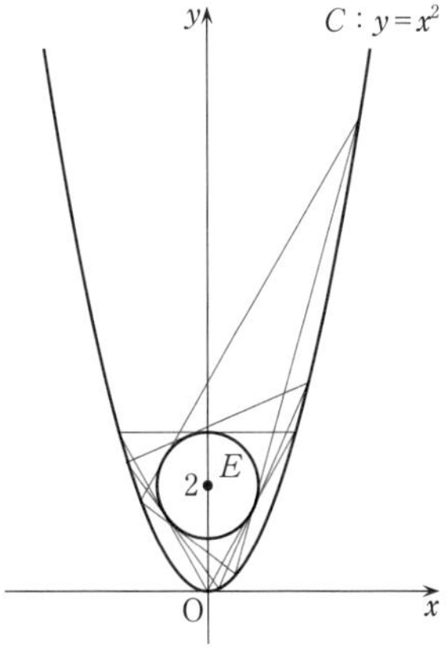

解説

本問は，“ポンスレの閉形定理”と呼ばれる神秘的な内容の定理を背景とした問題である。3つの問いの答えがすべて一致していることがその主張そのものである。

ポンスレの定理とは次のような定理である。

ポンスレの閉形定理

C_1，C_2 を円錐曲線（円や放物線や楕円，双曲線など。「数学C」で学習する）とする。C_1 上のある点 P_0 について，P_0 から C_2 に接線を1本引き，C_1 との交点のうち P_0 でない方を P_1 とする。次に，P_1 から C_2 に P_0P_1 でない接線を1本引き，C_1 との交点のうち P_1 でない方を P_2 とする。以下，k を自然数として，P_k から C_2 に $P_{k-1}P_k$ でない接線を1本引き，C_1 との交点のうち P_k でない方を P_{k+1} とする操作を繰り返す。このとき，$P_n=P_0$ となる自然数 n があれば，C_1 上のどの点を P_0 としても $P_n=P_0$ となる。

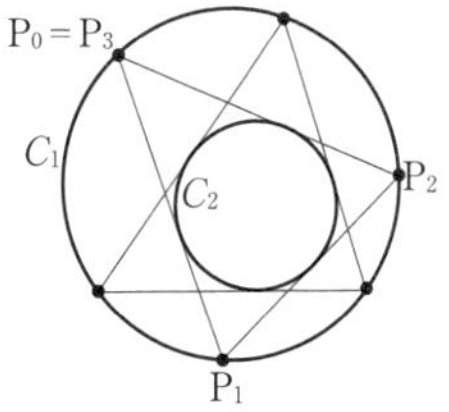

(1)では，元の点（スタートの点）に戻ってくることが容易に確かめられる。それゆえ，(2)でも(3)でも結論は，**①接する**となるのである。本問は，放物線 $C: y=x^2$ と円 $E: x^2+(y-2)^2=1$ の場合に対して“ポンスレの閉形定理”を体感する問題であった。一般の場合のポンスレの閉形定理を直接証明するのは困難である。

ポンスレの閉形定理は，フランスの数学者，工学者であるジャン=ヴィクトル・ポンスレ（Jean-Victor Poncelet，1788年—1867年）にちなむ。彼は，射影幾何学を研究した。一般の場合のポンスレの閉形定理は射影幾何学を用いると証明できる。

第 3 章

指数・対数関数

第3章　指数・対数関数　傾向分析

従来の『数学Ⅰ・数学B』では，第1問の中間で15点前後が出題されています。新課程の『数学Ⅱ，数学B，数学C』の試作問題では，中間が大問になって第2問で出題されましたが，問題の分量としては変わらず15点分で，2021年度の第1日程の第1問〔2〕と共通問題でした。

指数・対数の方程式・不等式，指数関数・対数関数のグラフなどを扱う単元で，新課程でも内容的に変更はありません。共通テストでは，計算だけでなく，指数関数と対数関数の**グラフの位置関係**に関するものなど，選択式で**定性的な理解を問う**出題も見られ，指数・対数の意味するところをきちんと理解しておく必要があります。

共通テストでの出題項目

試　験	大　問	出題項目	配　点
新課程 試作問題	第2問 （演習問題3－1）	指数関数の性質 会話設定　考察・証明	15点
2023 本試験	第1問〔2〕	対数の定義，背理法　考察・証明	12点
2023 追試験	第1問〔2〕	対数の計算　実用設定	14点
2022 本試験	第1問〔2〕	対数の大小　考察・証明	15点
2021 本試験 （第1日程）	第1問〔2〕	指数関数の性質 会話設定　考察・証明	15点
2021 本試験 （第2日程）	第1問〔1〕	桁数と最高位の数字　会話設定	13点

学習指導要領における内容

ア．次のような知識及び技能を身に付けること。

（ア）指数を正の整数から有理数へ拡張する意義を理解し，指数法則を用いて数や式の計算をすること。

（イ）指数関数の値の変化やグラフの特徴について理解すること。

（ウ）対数の意味とその基本的な性質について理解し，簡単な対数の計算をすること。

（エ）対数関数の値の変化やグラフの特徴について理解すること。

イ．次のような思考力，判断力，表現力等を身に付けること。

（ア）指数と対数を相互に関連付けて考察すること。

（イ）指数関数及び対数関数の式とグラフの関係について，多面的に考察すること。

（ウ）二つの数量の関係に着目し，日常の事象や社会の事象などを数学的に捉え，問題を解決したり，解決の過程を振り返って事象の数学的な特徴や他の事象との関係を考察したりすること。

問題 3−1　　演習問題

試作問題 第2問

二つの関数 $f(x)=\dfrac{2^x+2^{-x}}{2}$，$g(x)=\dfrac{2^x-2^{-x}}{2}$ について考える。

(1) $f(0)=$ ア，$g(0)=$ イ である。また，$f(x)$ は相加平均と相乗平均の関係から，$x=$ ウ で最小値 エ をとる。

$g(x)=-2$ となる x の値は $\log_2\left(\sqrt{\text{オ}}-\text{カ}\right)$ である。

(2) 次の①〜④は，x にどのような値を代入してもつねに成り立つ。

$f(-x)=$ キ ……………………… ①

$g(-x)=$ ク ……………………… ②

$\{f(x)\}^2-\{g(x)\}^2=$ ケ ……………………… ③

$g(2x)=$ コ $f(x)g(x)$ ……………………… ④

キ，ク の解答群（同じものを繰り返し選んでもよい。）

⓪ $f(x)$	① $-f(x)$	② $g(x)$	③ $-g(x)$

(3)　花子さんと太郎さんは，$f(x)$ と $g(x)$ の性質について話している。

花子：①～④は三角関数の性質に似ているね。

太郎：三角関数の加法定理に類似した式(A)～(D)を考えてみたけど，つねに成り立つ式はあるだろうか。

花子：成り立たない式を見つけるために，式(A)～(D)の β に何か具体的な値を代入して調べてみたらどうかな。

太郎さんが考えた式

$$f(\alpha-\beta)=f(\alpha)g(\beta)+g(\alpha)f(\beta) \quad \cdots\cdots\text{(A)}$$
$$f(\alpha+\beta)=f(\alpha)f(\beta)+g(\alpha)g(\beta) \quad \cdots\cdots\text{(B)}$$
$$g(\alpha-\beta)=f(\alpha)f(\beta)+g(\alpha)g(\beta) \quad \cdots\cdots\text{(C)}$$
$$g(\alpha+\beta)=f(\alpha)g(\beta)-g(\alpha)f(\beta) \quad \cdots\cdots\text{(D)}$$

(1)，(2)で示されたことのいくつかを利用すると，式(A)～(D)のうち，［**サ**］以外の三つは成り立たないことがわかる。［サ］は左辺と右辺をそれぞれ計算することによって成り立つことが確かめられる。

［サ］の解答群

⓪　(A)　　①　(B)　　②　(C)　　③　(D)

問題 3 − 1　解答解説

解答記号	ア	イ	ウ	エ	$\log_2(\sqrt{オ}-カ)$	キ	ク	ケ	コ	サ
正　解	1	0	0	1	$\log_2(\sqrt{5}-2)$	⓪	③	1	2	①
チェック										

《指数関数の性質》

会話設定　考察・証明

$$f(x)=\frac{2^x+2^{-x}}{2},\quad g(x)=\frac{2^x-2^{-x}}{2}$$

(1)
$$f(0)=\frac{2^0+2^0}{2}=\frac{1+1}{2}=\boxed{1}\quad\rightarrow ア$$

$$g(0)=\frac{2^0-2^0}{2}=\frac{1-1}{2}=\boxed{0}\quad\rightarrow イ$$

である。$2^x>0$, $2^{-x}>0$ であるので，相加平均と相乗平均の関係から

$$f(x)=\frac{2^x+2^{-x}}{2}\geqq\sqrt{2^x\times2^{-x}}=\sqrt{2^0}=1$$

が成り立ち，等号は，$2^x=2^{-x}$ が成り立つとき，すなわち $x=0$ のときに成り立つから，$f(x)$ は $x=\boxed{0}$ →ウ で最小値 $\boxed{1}$ →エ をとる。

$2^{-x}=\frac{1}{2^x}$ に注意して，$g(x)=\frac{2^x-2^{-x}}{2}=-2$ となる 2^x の値を求めると

$$2^x-\frac{1}{2^x}=-4\qquad(2^x)^2+4(2^x)-1=0$$

$2^x=X$ とおくと　　$X^2+4X-1=0$

$X>0$ より　　$X=-2+\sqrt{4+1}=-2+\sqrt{5}$

よって　　$2^x=-2+\sqrt{5}$

である。したがって，$g(x)=-2$ となる x の値は

$$x=\log_2(\sqrt{\boxed{5}}-\boxed{2})\quad\rightarrow オ,\ カ$$

である。

(2)
$$f(-x)=\frac{2^{-x}+2^x}{2}=\boldsymbol{f(x)}\quad\boxed{⓪}\quad\rightarrow キ$$

$$g(-x)=\frac{2^{-x}-2^x}{2}=-\frac{2^x-2^{-x}}{2}=\boldsymbol{-g(x)}\quad\boxed{③}\quad\rightarrow ク$$

$$\{f(x)\}^2-\{g(x)\}^2=\{f(x)+g(x)\}\{f(x)-g(x)\}$$

$$=2^x\times2^{-x}=2^0=\boxed{1}\quad\to ケ$$

$$g(2x)=\frac{2^{2x}-2^{-2x}}{2}=\frac{(2^x)^2-(2^{-x})^2}{2}=\frac{(2^x+2^{-x})(2^x-2^{-x})}{2}$$

$$=\frac{2f(x)\times2g(x)}{2}=\boxed{2}f(x)g(x)\quad\to コ$$

(3)　$f(\alpha-\beta)=f(\alpha)g(\beta)+g(\alpha)f(\beta)$　……(A)

$f(\alpha+\beta)=f(\alpha)f(\beta)+g(\alpha)g(\beta)$　……(B)

$g(\alpha-\beta)=f(\alpha)f(\beta)+g(\alpha)g(\beta)$　……(C)

$g(\alpha+\beta)=f(\alpha)g(\beta)-g(\alpha)f(\beta)$　……(D)

$\beta=0$ とおいてみる。

(A)は，$f(\alpha)=f(\alpha)g(0)+g(\alpha)f(0)$ となるが，(1)より，$f(0)=1$，$g(0)=0$ であるから，$f(\alpha)=g(\alpha)$ となり，これは $\alpha=0$ のとき成り立たない。よって，(A)はつねに成り立つ式ではない。

(C)も，$g(\alpha)=f(\alpha)f(0)+g(\alpha)g(0)=f(\alpha)$ となる。よって，(C)はつねに成り立つ式ではない。

(D)は，$g(\alpha)=f(\alpha)g(0)-g(\alpha)f(0)=-g(\alpha)$ すなわち $g(\alpha)=0$ となる。

$g(1)=\dfrac{2-\frac{1}{2}}{2}=\dfrac{3}{4}\neq0$ であるから，これは $\alpha=1$ のとき成り立たない。よって，(D)はつねに成り立つ式ではない。

(B)については

$$f(\alpha)f(\beta)+g(\alpha)g(\beta)=\frac{2^\alpha+2^{-\alpha}}{2}\times\frac{2^\beta+2^{-\beta}}{2}+\frac{2^\alpha-2^{-\alpha}}{2}\times\frac{2^\beta-2^{-\beta}}{2}$$

$$=\frac{2^{\alpha+\beta}+2^{\alpha-\beta}+2^{-\alpha+\beta}+2^{-\alpha-\beta}}{4}$$

$$+\frac{2^{\alpha+\beta}-2^{\alpha-\beta}-2^{-\alpha+\beta}+2^{-\alpha-\beta}}{4}$$

$$=\frac{2^{\alpha+\beta}+2^{-\alpha-\beta}}{2}=f(\alpha+\beta)$$

となり，つねに成り立つ。

したがって，(B) $\boxed{①}$ →サ 以外の三つは成り立たない。

解説

(1)　2数 a，b（$a>0$，$b>0$）の相加平均 $\dfrac{a+b}{2}$，相乗平均 $\sqrt{ab}$ の間には，つねに次の不等式が成り立つ。

ポイント　相加平均と相乗平均の関係

$a>0$, $b>0$ のとき

$$\frac{a+b}{2} \geqq \sqrt{ab} \quad (a=b\text{ のとき等号成立})$$

また，3数 a, b, c ($a>0$, $b>0$, $c>0$) に対しては

$$\frac{a+b+c}{3} \geqq \sqrt[3]{abc} \quad (a=b=c\text{ のとき等号成立})$$

が成り立つので記憶しておこう。

$g(x)=-2$ を満たす x を求めるには，まず 2^x の値を求める。$2^x=X$ と置き換えるとよい。

(2)　式③の $\{f(x)\}^2-\{g(x)\}^2$ に $f(x)=\dfrac{2^x+2^{-x}}{2}$, $g(x)=\dfrac{2^x-2^{-x}}{2}$ を代入した場合は，

$2^x\times 2^{-x}=2^0=1$ に注意して

$$\left(\frac{2^x+2^{-x}}{2}\right)^2-\left(\frac{2^x-2^{-x}}{2}\right)^2=\frac{2^{2x}+2+2^{-2x}}{4}-\frac{2^{2x}-2+2^{-2x}}{4}=\frac{2+2}{4}=1$$

となる。また，式④は

$$f(x)g(x)=\frac{2^x+2^{-x}}{2}\times\frac{2^x-2^{-x}}{2}=\frac{(2^x)^2-(2^{-x})^2}{4}=\frac{1}{2}\times\frac{2^{2x}-2^{-2x}}{2}=\frac{1}{2}g(2x)$$

と計算して $g(2x)=2f(x)g(x)$ を導いてもよい。

(3)　本問は，式(A)～(D)のなかに，「つねに成り立つ式」があるかどうかを調べる問題である。$f(x)$ も $g(x)$ も実数全体で定義されているので，「つねに成り立つ式」では，α, β にどんな実数を代入しても成り立つはずである。式が成り立たないような実数が少なくとも一つ見つかれば，その式は「つねに成り立つ式」ではないと判定できる。

花子さんの「β に何か具体的な値を代入して調べてみたら」をヒントにして，〔解答〕では $\beta=0$ とおいてみたが，$\alpha=\beta$ とおいてもできる。

(A)は，$f(0)=2f(\alpha)g(\alpha)$ となるが，(1)より，$f(0)=1$ で，(2)より，

$2f(\alpha)g(\alpha)=g(2\alpha)$ であるから，$g(2\alpha)=1$ となる。

(C)は，$g(0)=\{f(\alpha)\}^2+\{g(\alpha)\}^2$ となるが，(1)より，$g(0)=0$，したがって，

$f(\alpha)=g(\alpha)=0$ となる。

(D)は，$g(2\alpha)=f(\alpha)g(\alpha)-g(\alpha)f(\alpha)=0$ となる。

いずれも $g(x)$ が定数関数となって，矛盾が生じてしまう。

問題 3 — 2　演習問題

オリジナル問題

太郎さんと花子さんが指数関数・対数関数について話をしている。会話を読んで，下の問いに答えよ。

太郎：指数関数と対数関数は逆の関係であり，掛け算・割り算を足し算・引き算に変換することで，大きな数の計算が楽にできることなどを学習したね。

花子：$\log_2 8 =$ [ア]，$2^{\log_2 7} =$ [イ]，$\log_2 2^9 =$ [ウ] だね。

太郎：$2^{\log_2 7} =$ [イ] を利用すると，$7^x =$ [エ] と変形することができるよ。つまり，底を変換することができるね。

[エ] の解答群

⓪ $2^{(\log_2 7)x}$	① $2(\log_2 7)x$	② $2^{\log_2 7x}$
③ $2x^{\log_2 7}$	④ $7^{(\log_2 7)x}$	⑤ $7^{(\log_7 2)x}$

花子：このことを用いると，$y=2^x$ のグラフと $y=7^x$ のグラフの位置関係がわかるね。

太郎：それぞれの指数関数のグラフはわかるけど，それらの位置関係となると，少し考えないとわからないよ。
考えやすいようにまずは，$y=2^x$ のグラフと $y=8^x$ のグラフの位置関係について考えてみることにしよう。$8^x=(2^3)^x=2^{3x}$ であることに着目すると，$y=8^x$ のグラフは $y=2^x$ のグラフを [オ] したものであることがわかるね。

花子：このことを用いると，$y=2^x$ のグラフと $y=7^x$ のグラフの位置関係について，$y=7^x$ のグラフは $y=2^x$ のグラフを [カ] したものであるといえるよ。

[オ] の解答群

⓪ x 軸方向に 3 倍に拡大	① x 軸方向に $\frac{1}{3}$ 倍に縮小
② x 軸方向に $\log_2 3$ 倍に拡大	③ x 軸方向に $\log_3 2$ 倍に縮小

④　y 軸方向に 3 倍に拡大	⑤　y 軸方向に $\frac{1}{3}$ 倍に縮小
⑥　y 軸方向に $\log_2 3$ 倍に拡大	⑦　y 軸方向に $\log_3 2$ 倍に縮小

カ の解答群

⓪　x 軸方向に $\frac{7}{2}$ 倍に拡大	①　x 軸方向に $\frac{2}{7}$ 倍に縮小
②　x 軸方向に $\log_2 7$ 倍に拡大	③　x 軸方向に $\log_7 2$ 倍に縮小
④　y 軸方向に $\frac{7}{2}$ 倍に拡大	⑤　y 軸方向に $\frac{2}{7}$ 倍に縮小
⑥　y 軸方向に $\log_2 7$ 倍に拡大	⑦　y 軸方向に $\log_7 2$ 倍に縮小

太郎：今度は，$y=\log_2 x$ のグラフと $y=\log_2 2x$ のグラフの位置関係について考えてみよう。$\log_2 2x=$ キ が成り立つね。

花子：このことに注意すると，$y=\log_2 x$ のグラフと $y=\log_2 2x$ のグラフの位置関係について ク ，あるいは ケ といえるよ。

キ の解答群

⓪　$\log_2 x$	①　$\log_2 4x$	②　$\log_4 2+\log_2 x$
③　$1+\log_2 x$	④　x	⑤　$1-\log_2 x$

ク ， ケ の解答群（解答の順序は問わない。）

⓪　$y=\log_2 x$ のグラフと $y=\log_2 2x$ のグラフは一致する

①　$y=\log_2 2x$ のグラフは，$y=\log_2 x$ のグラフを x 軸方向に $\frac{1}{2}$ 倍に縮小したものである

②　$y=\log_2 2x$ のグラフは，$y=\log_2 x$ のグラフを x 軸方向に 2 倍に拡大したものである

③　$y=\log_2 2x$ のグラフは，$y=\log_2 x$ のグラフを x 軸方向に $\frac{1}{4}$ 倍に縮小したものである

④　$y=\log_2 2x$ のグラフは，$y=\log_2 x$ のグラフを x 軸方向に 4 倍に拡大したものである

⑤　$y=\log_2 2x$ のグラフは，$y=\log_2 x$ のグラフを x 軸方向に1だけ平行移動したものである
⑥　$y=\log_2 2x$ のグラフは，$y=\log_2 x$ のグラフを y 軸方向に1だけ平行移動したものである
⑦　$y=\log_2 2x$ のグラフは，$y=\log_2 x$ のグラフを x 軸に関して対称移動したものを y 軸方向に1だけ平行移動したものである
⑧　$y=\log_2 2x$ のグラフは，$y=\log_2 x$ のグラフと原点に関して対称である
⑨　$y=\log_2 2x$ のグラフは，$y=\log_2 x$ のグラフと直線 $y=x$ に関して対称である

以下の問題を解答するにあたっては，必要に応じて77，78ページの常用対数表を用いてもよい。

オイラーの人口成長モデル

r を正の定数，$f(0)$ を初期人口とし，n 年後の人口を $f(n)$（$n=1,\ 2,\ 3,\ \cdots$）と表すこととするとき

$$f(n)=(1+r)^n f(0)$$

という関係式が成り立つ。この r を「人口の成長率」という。

太郎：自由研究で数学者オイラーについて調べていたところ，1748年にオイラーがこの人口成長モデルを提案していたことを知ったんだ。
初期人口 $f(0)$ とは，ある地域の現在の人口を表していて，現在からみて n 年後の人口を $f(n)$ としているので，10年後のその地域の人口は $f(10)$ で表される。オイラーが提唱した人口成長モデルに従うと，$f(10)$ の値を $(1+r)^{10}f(0)$ と考えるわけだね。

花子：つまり，1年経つにつれ，人口が $(1+r)$ 倍されていくと仮定したんだね。

太郎：人口の成長率 r を $\frac{1}{30}$，初期人口 $f(0)$ を10万として，100年後の人口 $f(100)$ をオイラーの人口成長モデルに従って考えてみよう。

花子：$f(100)=(1+r)^{100}f(0)$ だから，この設定で計算すると，

$$f(100)=\left(1+\frac{1}{30}\right)^{100}\cdot 10^5$$ だよ。

太郎：$\left(1+\frac{1}{30}\right)^{100}$ の値を直接計算するのは大変な作業になりそうだ。何しろ，$\frac{31}{30}$ を100個も掛け合わせる計算だからね。

花子：$\left(1+\dfrac{1}{30}\right)^{100}=10^{\boxed{*}}$ であることに着目し，常用対数表を参考に，［＊］を小数第4位を四捨五入して小数第3位まで求めると，［ス］となるよ。

［＊］に当てはまるものは，次の⓪～⑧のうち［コ］，［サ］，［シ］である（解答の順序は問わない。）

⓪ $\log_{10}\left(1+\dfrac{1}{30}\right)$	① $\log_{10}\left(1+\dfrac{1}{30}\right)^{10}$	② $\log_{10}\left(1+\dfrac{1}{30}\right)^{100}$
③ $10\log_{10}\left(1+\dfrac{1}{30}\right)$	④ $100\log_{10}\left(1+\dfrac{1}{30}\right)$	⑤ $\dfrac{1}{2}\log_{100}\left(1+\dfrac{1}{30}\right)^{100}$
⑥ $2\log_{100}\left(1+\dfrac{1}{30}\right)^{10}$	⑦ $100\log_{10}\left(1-\dfrac{1}{31}\right)$	⑧ $-100\log_{10}\left(1-\dfrac{1}{31}\right)$

［ス］の解答群

⓪ -0.142	① -0.010	② -1.424	③ -10.096
④ 0.142	⑤ 1.010	⑥ 1.424	⑦ 10.096

太郎：すると，$f(100)$ は約［セ］とわかるね。対数を利用することで，100乗の計算が100倍の計算に変換されるから，簡単に求めることができたわけだね。

花子：人口の成長率 r を $\dfrac{1}{30}$，初期人口 $f(0)$ を10万とするとき，$\dfrac{f(n+30)}{f(n)}$ は自然数 n の値によらずに一定の値をとるよ。この比の値を先ほどと同様に，常用対数表を用いて計算すると，約［ソ］とわかるね。

［セ］の解答群

⓪ 2.7×10^4	① 2.7×10^5	② 2.7×10^6	③ 2.7×10^7
④ 9.1×10^{12}	⑤ 9.1×10^{13}	⑥ 9.1×10^{14}	⑦ 9.1×10^{15}

［ソ］の解答群

⓪ 1.3	① 1.5	② 1.7	③ 1.9	④ 2.1
⑤ 2.3	⑥ 2.5	⑦ 2.7	⑧ 2.9	⑨ 3.1

常用対数表(1)

	0	1	2	3	4	5	6	7	8	9
1.0	0000000	0043214	0086002	0128372	0170333	0211893	0253059	0293838	0334238	0374265
1.1	0413927	0453230	0492180	0530784	0569049	0606978	0644580	0681859	0718820	0755470
1.2	0791812	0827854	0863598	0899051	0934217	0969100	1003705	1038037	1072100	1105897
1.3	1139434	1172713	1205739	1238516	1271048	1303338	1335389	1367206	1398791	1430148
1.4	1461280	1492191	1522883	1553360	1583625	1613680	1643529	1673173	1702617	1731863
1.5	1760913	1789769	1818436	1846914	1875207	1903317	1931246	1958997	1986571	2013971
1.6	2041200	2068259	2095150	2121876	2148438	2174839	2201081	2227165	2253093	2278867
1.7	2304489	2329961	2355284	2380461	2405492	2430380	2455127	2479733	2504200	2528530
1.8	2552725	2576786	2600714	2624511	2648178	2671717	2695129	2718416	2741578	2764618
1.9	2787536	2810334	2833012	2855573	2878017	2900346	2922561	2944662	2966652	2988531
2.0	3010300	3031961	3053514	3074960	3096302	3117539	3138672	3159703	3180633	3201463
2.1	3222193	3242825	3263359	3283796	3304138	3324385	3344538	3364597	3384565	3404441
2.2	3424227	3443923	3463530	3483049	3502480	3521825	3541084	3560259	3579348	3598355
2.3	3617278	3636120	3654880	3673559	3692159	3710679	3729120	3747483	3765770	3783979
2.4	3802112	3820170	3838154	3856063	3873898	3891661	3909351	3926970	3944517	3961993
2.5	3979400	3996737	4014005	4031205	4048337	4065402	4082400	4099331	4116197	4132998
2.6	4149733	4166405	4183013	4199557	4216039	4232459	4248816	4265113	4281348	4297523
2.7	4313638	4329693	4345689	4361626	4377506	4393327	4409091	4424798	4440448	4456042
2.8	4471580	4487063	4502491	4517864	4533183	4548449	4563660	4578819	4593925	4608978
2.9	4623980	4638930	4653829	4668676	4683473	4698220	4712917	4727564	4742163	4756712
3.0	4771213	4785665	4800069	4814426	4828736	4842998	4857214	4871384	4885507	4899585
3.1	4913617	4927604	4941546	4955443	4969296	4983106	4996871	5010593	5024271	5037907
3.2	5051500	5065050	5078559	5092025	5105450	5118834	5132176	5145478	5158738	5171959
3.3	5185139	5198280	5211381	5224442	5237465	5250448	5263393	5276299	5289167	5301997
3.4	5314789	5327544	5340261	5352941	5365584	5378191	5390761	5403295	5415792	5428254
3.5	5440680	5453071	5465427	5477747	5490033	5502284	5514500	5526682	5538830	5550944
3.6	5563025	5575072	5587086	5599066	5611014	5622929	5634811	5646661	5658478	5670264
3.7	5682017	5693739	5705429	5717088	5728716	5740313	5751878	5763414	5774918	5786392
3.8	5797836	5809250	5820634	5831988	5843312	5854607	5865873	5877110	5888317	5899496
3.9	5910646	5921768	5932861	5943926	5954962	5965971	5976952	5987905	5998831	6009729
4.0	6020600	6031444	6042261	6053050	6063814	6074550	6085260	6095944	6106602	6117233
4.1	6127839	6138418	6148972	6159501	6170003	6180481	6190933	6201361	6211763	6222140
4.2	6232493	6242821	6253125	6263404	6273659	6283889	6294096	6304279	6314438	6324573
4.3	6334685	6344773	6354837	6364879	6374897	6384893	6394865	6404814	6414741	6424645
4.4	6434527	6444386	6454223	6464037	6473830	6483600	6493349	6503075	6512780	6522463
4.5	6532125	6541765	6551384	6560982	6570559	6580114	6589648	6599162	6608655	6618127
4.6	6627578	6637009	6646420	6655810	6665180	6674530	6683859	6693169	6702459	6711728
4.7	6720979	6730209	6739420	6748611	6757783	6766936	6776070	6785184	6794279	6803355
4.8	6812412	6821451	6830470	6839471	6848454	6857417	6866363	6875290	6884198	6893089
4.9	6901961	6910815	6919651	6928469	6937269	6946052	6954817	6963564	6972293	6981005
5.0	6989700	6998377	7007037	7015680	7024305	7032914	7041505	7050080	7058637	7067178
5.1	7075702	7084209	7092700	7101174	7109631	7118072	7126497	7134905	7143298	7151674
5.2	7160033	7168377	7176705	7185017	7193313	7201593	7209857	7218106	7226339	7234557
5.3	7242759	7250945	7259116	7267272	7275413	7283538	7291648	7299743	7307823	7315888
5.4	7323938	7331973	7339993	7347998	7355989	7363965	7371926	7379873	7387806	7395723
5.5	7403627	7411516	7419391	7427251	7435098	7442930	7450748	7458552	7466342	7474118

常用対数表(2)

	0	1	2	3	4	5	6	7	8	9
5.5	7403627	7411516	7419391	7427251	7435098	7442930	7450748	7458552	7466342	7474118
5.6	7481880	7489629	7497363	7505084	7512791	7520484	7528164	7535831	7543483	7551123
5.7	7558749	7566361	7573960	7581546	7589119	7596678	7604225	7611758	7619278	7626786
5.8	7634280	7641761	7649230	7656686	7664128	7671559	7678976	7686381	7693773	7701153
5.9	7708520	7715875	7723217	7730547	7737864	7745170	7752463	7759743	7767012	7774268
6.0	7781513	7788745	7795965	7803173	7810369	7817554	7824726	7831887	7839036	7846173
6.1	7853298	7860412	7867514	7874605	7881684	7888751	7895807	7902852	7909885	7916906
6.2	7923917	7930916	7937904	7944880	7951846	7958800	7965743	7972675	7979596	7986506
6.3	7993405	8000294	8007171	8014037	8020893	8027737	8034571	8041394	8048207	8055009
6.4	8061800	8068580	8075350	8082110	8088859	8095597	8102325	8109043	8115750	8122447
6.5	8129134	8135810	8142476	8149132	8155777	8162413	8169038	8175654	8182259	8188854
6.6	8195439	8202015	8208580	8215135	8221681	8228216	8234742	8241258	8247765	8254261
6.7	8260748	8267225	8273693	8280151	8286599	8293038	8299467	8305887	8312297	8318698
6.8	8325089	8331471	8337844	8344207	8350561	8356906	8363241	8369567	8375884	8382192
6.9	8388491	8394780	8401061	8407332	8413595	8419848	8426092	8432328	8438554	8444772
7.0	8450980	8457180	8463371	8469553	8475727	8481891	8488047	8494194	8500333	8506462
7.1	8512583	8518696	8524800	8530895	8536982	8543060	8549130	8555192	8561244	8567289
7.2	8573325	8579353	8585372	8591383	8597386	8603380	8609366	8615344	8621314	8627275
7.3	8633229	8639174	8645111	8651040	8656961	8662873	8668778	8674675	8680564	8686444
7.4	8692317	8698182	8704039	8709888	8715729	8721563	8727388	8733206	8739016	8744818
7.5	8750613	8756399	8762178	8767950	8773713	8779470	8785218	8790959	8796692	8802418
7.6	8808136	8813847	8819550	8825245	8830934	8836614	8842288	8847954	8853612	8859263
7.7	8864907	8870544	8876173	8881795	8887410	8893017	8898617	8904210	8909796	8915375
7.8	8920946	8926510	8932068	8937618	8943161	8948697	8954225	8959747	8965262	8970770
7.9	8976271	8981765	8987252	8992732	8998205	9003671	9009131	9014583	9020029	9025468
8.0	9030900	9036325	9041744	9047155	9052560	9057959	9063350	9068735	9074114	9079485
8.1	9084850	9090209	9095560	9100905	9106244	9111576	9116902	9122221	9127533	9132839
8.2	9138139	9143432	9148718	9153998	9159272	9164539	9169800	9175055	9180303	9185545
8.3	9190781	9196010	9201233	9206450	9211661	9216865	9222063	9227255	9232440	9237620
8.4	9242793	9247960	9253121	9258276	9263424	9268567	9273704	9278834	9283959	9289077
8.5	9294189	9299296	9304396	9309490	9314579	9319661	9324738	9329808	9334873	9339932
8.6	9344985	9350032	9355073	9360108	9365137	9370161	9375179	9380191	9385197	9390198
8.7	9395193	9400182	9405165	9410142	9415114	9420081	9425041	9429996	9434945	9439889
8.8	9444827	9449759	9454686	9459607	9464523	9469433	9474337	9479236	9484130	9489018
8.9	9493900	9498777	9503649	9508515	9513375	9518230	9523080	9527924	9532763	9537597
9.0	9542425	9547248	9552065	9556878	9561684	9566486	9571282	9576073	9580858	9585639
9.1	9590414	9595184	9599948	9604708	9609462	9614211	9618955	9623693	9628427	9633155
9.2	9637878	9642596	9647309	9652017	9656720	9661417	9666110	9670797	9675480	9680157
9.3	9684829	9689497	9694159	9698816	9703469	9708116	9712758	9717396	9722028	9726656
9.4	9731279	9735896	9740509	9745117	9749720	9754318	9758911	9763500	9768083	9772662
9.5	9777236	9781805	9786369	9790929	9795484	9800034	9804579	9809119	9813655	9818186
9.6	9822712	9827234	9831751	9836263	9840770	9845273	9849771	9854265	9858754	9863238
9.7	9867717	9872192	9876663	9881128	9885590	9890046	9894498	9898946	9903389	9907827
9.8	9912261	9916690	9921115	9925535	9929951	9934362	9938769	9943172	9947569	9951963
9.9	9956352	9960737	9965117	9969492	9973864	9978231	9982593	9986952	9991305	9995655

問題 3 — 2　解答解説

解答記号	ア	イ	ウ	エ	オ	カ	キ	ク，ケ	コ，サ，シ	ス	セ	ソ
正　解	3	7	9	⓪	①	③	③	①，⑥ (解答の順序は問わない)	②，④，⑧ (解答の順序は問わない)	⑥	②	⑦
チェック												

《指数・対数関数のグラフ，常用対数の利用》　会話設定

$\log_2 8 = \log_2 2^3 =$ 3 →ア

$2^{\log_2 7} =$ 7 →イ

$\log_2 2^9 =$ 9 →ウ

$2^{\log_2 7} = 7$ を利用すると　$7^x = (2^{\log_2 7})^x = \mathbf{2^{(\log_2 7)x}}$ ⓪ →エ

と変形できる。

$8^x = (2^3)^x = 2^{3x}$ であるから，$y = 8^x$ のグラフは $y = 2^x$ のグラフを

x 軸方向に $\frac{1}{3}$ 倍に縮小 ① →オ

したものといえる。

$7^x = 2^{(\log_2 7)x}$ であるから，$y = 7^x$ のグラフは $y = 2^x$ のグラフを

x 軸方向に $\frac{1}{\log_2 7}$ 倍に縮小

つまり

x 軸方向に $\log_7 2$ 倍に縮小 ③ →カ

したものといえる $\left(\text{底の変換公式により，} \log_2 7 = \frac{\log_7 7}{\log_7 2} = \frac{1}{\log_7 2} \text{ であることに注意}\right)$。

$\log_2 2x = \log_2 2 + \log_2 x = \mathbf{1 + \log_2 x}$ ③ →キ

である。

$y = \log_2 x$ のグラフと $y = \log_2 2x$ のグラフの位置関係について

$y=\log_2 2x$ のグラフは，$y=\log_2 x$ のグラフを x 軸方向に $\frac{1}{2}$ 倍に縮小したものである

あるいは

$y=\log_2 2x$ のグラフは，$y=\log_2 x$ のグラフを y 軸方向に 1 だけ平行移動したものである

といえる。 ①，⑥ →ク，ケ

$$\left(1+\frac{1}{30}\right)^{100}=10^{\log_{10}\left(1+\frac{1}{30}\right)^{100}}=10^{100\log_{10}\left(1+\frac{1}{30}\right)}=10^{-100\log_{10}\left(1-\frac{1}{31}\right)}$$

＊に当てはまるものは ② , ④ , ⑧ →コ，サ，シ である。

$$\log_{10}\left(1+\frac{1}{30}\right)^{100}=100\log_{10}\frac{31}{30}=100\log_{10}\frac{3.1}{3.0}$$
$$=100\,(\log_{10}3.1-\log_{10}3.0)$$
$$\fallingdotseq 100\,(0.4913617-0.4771213)$$
$$=1.42404\fallingdotseq \mathbf{1.424}$$ ⑥ →ス

以上から

$$f(100)=\left(1+\frac{1}{30}\right)^{100}\cdot 10^5=10^{\log_{10}\left(1+\frac{1}{30}\right)^{100}}\cdot 10^5\fallingdotseq 10^{1.424}\cdot 10^5$$
$$=10^{0.424}\cdot 10^6\fallingdotseq 2.65\times 10^6\fallingdotseq \mathbf{2.7\times 10^6}$$ ② →セ

任意の自然数 n に対して，$\dfrac{f(n+30)}{f(n)}=\dfrac{(1+r)^{n+30}f(0)}{(1+r)^n f(0)}=\left(1+\dfrac{1}{30}\right)^{30}$ である。

ここで

$$\log_{10}\left(1+\frac{1}{30}\right)^{30}=30\log_{10}\frac{31}{30}=30\log_{10}\frac{3.1}{3.0}$$
$$=30\,(\log_{10}3.1-\log_{10}3.0)$$
$$\fallingdotseq 30\,(0.4913617-0.4771213)$$
$$=0.427212\fallingdotseq 0.427$$

であるから

$$\left(1+\frac{1}{30}\right)^{30}=10^{\log_{10}\left(1+\frac{1}{30}\right)^{30}}\fallingdotseq 10^{0.427}\fallingdotseq 2.67\fallingdotseq \mathbf{2.7}$$ ⑦ →ソ

解説

前半では，$a>0$，$a\neq 1$，$M>0$，p を実数とする。$a^p=M$ であるとき，$p=\log_a M$ と表す。これより

$$\log_a a^p=p,\quad a^{\log_a M}=M$$

であることと，対数の性質

$$\log_a MN=\log_a M+\log_a N,\quad \log_a\frac{M}{N}=\log_a M-\log_a N$$

$$\log_a M^r=r\log_a M,\quad \log_a M=\frac{\log_b M}{\log_b a}$$ （底の変換公式）

および

$y=a^{tx}$ のグラフは，$y=a^x$ のグラフを x 軸方向に $\dfrac{1}{t}$ 倍したものであること

$y=\log_a tx$ のグラフは，$y=\log_a x$ のグラフを x 軸方向に $\dfrac{1}{t}$ 倍したものであること

を用いる。

後半では，対数を利用することで 100 乗の計算を 100 倍の計算に変換し，常用対数表を利用することが誘導されている。この内容をグラフでみると，次のようになる。

$y=\left(1+\dfrac{1}{30}\right)^x\cdot f(0)$ に対し，xL 平面で，$L=\log_{10}y$ のグラフは，傾き $\log_{10}\left(1+\dfrac{1}{30}\right)$ の直線である。対数を利用することで，100 乗の計算が 100 倍の計算に変換できることは，図形的には，右下図の 2 つの直角三角形が相似であることから，比例計算できることを意味している。

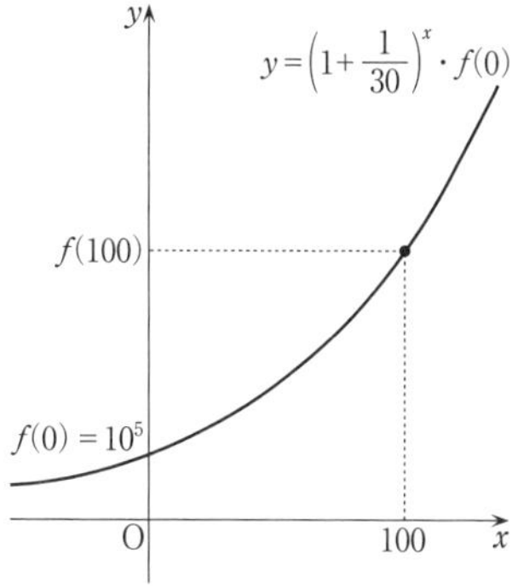

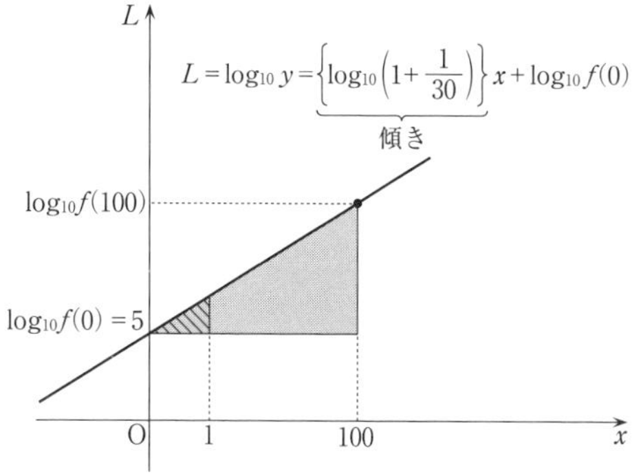

なお，常用対数表を用いる際，真数が 1.00 から 9.99 までの常用対数しか表からは読み取れないので，少し工夫が要求される。具体的には

$$\log_{10}\frac{31}{30}=\log_{10}\frac{3.1}{3.0}=\log_{10}3.1-\log_{10}3.0$$
$$\fallingdotseq 0.4913617-0.4771213$$

と式を変形すればよい。また逆に，常用対数値から真数を調べる場合は，常用対数値（つまり，指数部分の数値）が 0 以上 1 未満になるように変形する工夫が必要である。具体的には

$$10^{1.424}\cdot 10^5=10^{0.424}\cdot 10^6\fallingdotseq 2.65\times 10^6$$

とする部分である。

参考　**ネイピア（Napier）数**

$\left(1+\dfrac{1}{n}\right)^n$ という値は自然数 n をどんどん大きくしていくと，徐々に増加しながら，2.718281828… という値に限りなく近づいていくことが知られている。この値をネイピア数（自然対数の底）といい，記号 e で表す。ネイピア数 e は無理数である。「数学Ⅲ」では $\displaystyle\lim_{n\to\infty}\left(1+\frac{1}{n}\right)^n=e$ をもとにした指数・対数関数の微分・積分を学習する。この知識があれば，最後の設問で $\left(1+\dfrac{1}{30}\right)^{30}$ の値を調べる際，おおよその見当をつけることに役立つ。

問題 3 — 3　演習問題

オリジナル問題

(1)　1000<1024 であることに注意すると，$\log_{10}2$ の値について，ア が成り立つことがわかる。

ア の解答群

⓪ $\frac{1}{5}<\log_{10}2<\frac{2}{9}$	① $\frac{2}{9}<\log_{10}2<\frac{1}{4}$	② $\frac{1}{4}<\log_{10}2<\frac{2}{7}$
③ $\frac{2}{7}<\log_{10}2<\frac{3}{10}$	④ $\frac{3}{10}<\log_{10}2<\frac{1}{3}$	⑤ $\frac{1}{3}<\log_{10}2<\frac{3}{8}$
⑥ $\frac{3}{8}<\log_{10}2<\frac{2}{5}$	⑦ $\frac{2}{5}<\log_{10}2<\frac{3}{7}$	⑧ $\frac{3}{7}<\log_{10}2<\frac{4}{9}$

(2)　80<81 であることに注意すると，$\log_{10}3$ の値について，イ が成り立つことがわかる。

イ の解答群

⓪ $\frac{3}{10}<\log_{10}3<\frac{1}{3}$	① $\frac{1}{3}<\log_{10}3<\frac{3}{8}$	② $\frac{3}{8}<\log_{10}3<\frac{2}{5}$
③ $\frac{2}{5}<\log_{10}3<\frac{9}{20}$	④ $\frac{9}{20}<\log_{10}3<\frac{19}{40}$	⑤ $\frac{19}{40}<\log_{10}3<\frac{1}{2}$
⑥ $\frac{1}{2}<\log_{10}3<\frac{21}{40}$	⑦ $\frac{21}{40}<\log_{10}3<\frac{11}{20}$	⑧ $\frac{11}{20}<\log_{10}3<\frac{3}{5}$

(3)　48<49<50 であることに注意すると，$\log_{10}7$ の値について，ウ が成り立つことがわかる。

ウ の解答群

⓪ $\frac{3}{4}<\log_{10}7<\frac{61}{80}$	① $\frac{61}{80}<\log_{10}7<\frac{31}{40}$	② $\frac{31}{40}<\log_{10}7<\frac{63}{80}$
③ $\frac{63}{80}<\log_{10}7<\frac{4}{5}$	④ $\frac{4}{5}<\log_{10}7<\frac{13}{16}$	⑤ $\frac{13}{16}<\log_{10}7<\frac{33}{40}$
⑥ $\frac{33}{40}<\log_{10}7<\frac{67}{80}$	⑦ $\frac{67}{80}<\log_{10}7<\frac{17}{20}$	⑧ $\frac{17}{20}<\log_{10}7<\frac{69}{80}$

(4)　243<256 であることに注意すると，$\log_2 3$ の値について，[エ]が成り立つことがわかる。

[エ]の解答群

⓪ $\frac{5}{4}<\log_2 3<\frac{9}{7}$	① $\frac{9}{7}<\log_2 3<\frac{13}{10}$	② $\frac{13}{10}<\log_2 3<\frac{4}{3}$
③ $\frac{4}{3}<\log_2 3<\frac{11}{8}$	④ $\frac{11}{8}<\log_2 3<\frac{7}{5}$	⑤ $\frac{7}{5}<\log_2 3<\frac{57}{40}$
⑥ $\frac{57}{40}<\log_2 3<\frac{8}{5}$	⑦ $\frac{8}{5}<\log_2 3<\frac{13}{8}$	⑧ $\frac{13}{8}<\log_2 3<\frac{5}{3}$

(5)　16384<16807 が成り立つことに注意すると，$2^{\sqrt{7}}$ の値について，[オ]が成り立つことがわかる。

[オ]の解答群

⓪ $4<2^{\sqrt{7}}<5$	① $5<2^{\sqrt{7}}<6$	② $6<2^{\sqrt{7}}<7$	③ $7<2^{\sqrt{7}}<8$

(6)　$\log_2 7$ について，$\log_2 7<2.81$ が成り立つことが知られている。このことに注意すると，$\log_2(\log_2 7)$ の値について，[カ]が成り立つことがわかる。

[カ]の解答群

⓪ $\frac{6}{5}<\log_2(\log_2 7)<\frac{11}{9}$	① $\frac{11}{9}<\log_2(\log_2 7)<\frac{5}{4}$	② $\frac{5}{4}<\log_2(\log_2 7)<\frac{9}{7}$
③ $\frac{9}{7}<\log_2(\log_2 7)<\frac{13}{10}$	④ $\frac{13}{10}<\log_2(\log_2 7)<\frac{4}{3}$	⑤ $\frac{4}{3}<\log_2(\log_2 7)<\frac{11}{8}$
⑥ $\frac{11}{8}<\log_2(\log_2 7)<\frac{7}{5}$	⑦ $\frac{7}{5}<\log_2(\log_2 7)<\frac{3}{2}$	⑧ $\frac{3}{2}<\log_2(\log_2 7)<\frac{14}{9}$

問題 3 — 3　解答解説

解答記号	ア	イ	ウ	エ	オ	カ
正　解	④	⑤	⑦	⑥	②	⑦
チェック						

《対数の値の評価》

(1)　$8<10$ つまり $2^3<10^1$ より，$\log_{10}2^3<1$ つまり $3\log_{10}2<1$ が得られる。

ゆえに，$\boxed{\log_{10}2<\frac{1}{3}}$ ……(i) とわかる。

$1000<1024$ つまり $10^3<2^{10}$ より，$3<\log_{10}2^{10}$ つまり $3<10\log_{10}2$ が得られる。

ゆえに，$\boxed{\frac{3}{10}<\log_{10}2}$ ……(ii) とわかる。

(i)，(ii)より

$$\frac{3}{10}<\log_{10}2<\frac{1}{3}\quad \boxed{④}\quad \to ア$$

が成り立つ。

(2)　$9<10$ つまり $3^2<10^1$ より，$\log_{10}3^2<1$ つまり $2\log_{10}3<1$ が得られる。

ゆえに，$\boxed{\log_{10}3<\frac{1}{2}}$ ……(iii) とわかる。

$80<81$ つまり $2^3\cdot10<3^4$ より，$\log_{10}(2^3\cdot10)<\log_{10}3^4$ つまり $3\log_{10}2+1<4\log_{10}3$ が得られる。

ゆえに，$\frac{3\log_{10}2+1}{4}<\log_{10}3$ が成り立つ。

(ii)とあわせて，$\boxed{\frac{19}{40}<\log_{10}3}$ ……(iv) とわかる。

(iii)，(iv)より

$$\frac{19}{40}<\log_{10}3<\frac{1}{2}\quad \boxed{⑤}\quad \to イ$$

が成り立つ。

(3)　$48<49<50$ つまり $2^4\cdot3<7^2<\frac{10^2}{2}$ より，$4\log_{10}2+\log_{10}3<2\log_{10}7<2-\log_{10}2$ が得られる。

ゆえに，$2\log_{10}2+\frac{1}{2}\log_{10}3<\log_{10}7<1-\frac{1}{2}\log_{10}2$ とわかる。

(ii)，(iv)より

$$2\log_{10}2+\frac{1}{2}\log_{10}3>2\cdot\frac{3}{10}+\frac{1}{2}\cdot\frac{19}{40}=\frac{67}{80}$$

$$1-\frac{1}{2}\log_{10}2>1-\frac{1}{2}\cdot\frac{3}{10}=\frac{17}{20}$$

したがって

$$\boldsymbol{\frac{67}{80}<\log_{10}7<\frac{17}{20}}\quad \boxed{⑦}\quad \to ウ$$

が成り立つ。

(4)　$243<256$ つまり $3^5<2^8$ より，$\log_2 3^5<8$ つまり $5\log_2 3<8$ が得られる。

ゆえに，$\boxed{\log_2 3<\frac{8}{5}}$ ……(v) とわかる。

また，$\log_2 3=\frac{\log_{10}3}{\log_{10}2}$ と(1)，(2)をあわせると

$$\frac{\frac{19}{40}}{\frac{1}{3}}<\log_2 3<\frac{\frac{1}{2}}{\frac{3}{10}}\quad つまり\quad \boxed{\frac{57}{40}<\log_2 3<\frac{5}{3}}\quad ……(vi)$$

が得られる。

(v)，(vi)より

$$\boldsymbol{\frac{57}{40}<\log_2 3<\frac{8}{5}}\quad \boxed{⑥}\quad \to エ$$

が成り立つ。

(5)　$16384<16807$ つまり $2^{14}<7^5$ より，$14<\log_2 7^5$ つまり $14<5\log_2 7$ が得られる。

ゆえに，$\boxed{\frac{14}{5}<\log_2 7}$ ……(vii) とわかる。

(vii)より，$(\log_2 7)^2>\left(\frac{14}{5}\right)^2=\frac{196}{25}>7$ が成り立つので，$\log_2 7>\sqrt{7}$ ……（＊）より，

$\boxed{2^{\sqrt{7}}<7}$ ……(viii) とわかる。

また，(v)より，$1+\log_2 3=\log_2 6<1+\frac{8}{5}=\frac{13}{5}$ が成り立つので

$$(\log_2 6)^2<\left(\frac{13}{5}\right)^2=\frac{169}{25}<7$$

とわかる。これより，$\log_2 6<\sqrt{7}$ が得られ，$\boxed{6<2^{\sqrt{7}}}$ ……(ix) とわかる。

(viii)，(ix)より

$$6<2^{\sqrt{7}}<7 \quad \boxed{②} \quad \to オ$$

が成り立つ。

(6)　(＊)より，$\log_2(\log_2 7)>\log_2(\sqrt{7})=\dfrac{1}{2}\log_2 7$ であり，(vii)とあわせると，

$\boxed{\log_2(\log_2 7)>\dfrac{7}{5}}$ ……(x) とわかる。

また，$\log_2 7<2.81$ より，$(\log_2 7)^2<(2.81)^2=7.8961<8$ が成り立つので，

$2\log_2(\log_2 7)<\log_2 8=3$ より，$\boxed{\log_2(\log_2 7)<\dfrac{3}{2}}$ ……(xi) とわかる。

(x)，(xi)より

$$\frac{7}{5}<\log_2(\log_2 7)<\frac{3}{2} \quad \boxed{⑦} \quad \to カ$$

が成り立つ。

解説

本問は，対数の値についての評価に関する問題である。常用対数値を利用すると大きな数の桁数や最高位の数を調べることができる。その際，常用対数値の近似値を用いるが，$\log_{10}2$ や $\log_{10}3$ などは無理数であるので，小数表示すると循環しない無限小数となる。そこで，真の値ではなく近似値を用いて考察することが多く

$$\log_{10}2\fallingdotseq 0.3010,\quad \log_{10}3\fallingdotseq 0.4771,\quad \log_{10}7\fallingdotseq 0.8451$$

などがよく用いられる。これらの近似値を用いれば，$\log_{10}4$，$\log_{10}5$，$\log_{10}6$，$\log_{10}8$，$\log_{10}9$ の近似値もわかるので，通常は，$\log_{10}2$，$\log_{10}3$，$\log_{10}7$ の近似値が与えられ，$\log_{10}4$，$\log_{10}5$，$\log_{10}6$，$\log_{10}8$，$\log_{10}9$ の近似値は与えられない。

$$\log_{10}4=\log_{10}2^2=2\log_{10}2\fallingdotseq 2\cdot 0.3010=0.6020$$

$$\log_{10}5=\log_{10}\frac{10}{2}=1-\log_{10}2\fallingdotseq 1-0.3010=0.6990$$

$$\log_{10}6=\log_{10}(2\cdot 3)=\log_{10}2+\log_{10}3\fallingdotseq 0.3010+0.4771=0.7781$$

$$\log_{10}8=\log_{10}2^3=3\log_{10}2\fallingdotseq 3\cdot 0.3010=0.9030$$

$$\log_{10}9=\log_{10}3^2=2\log_{10}3\fallingdotseq 2\cdot 0.4771=0.9542$$

本問は，対数値の近似値が与えられていない場合に，どのようにして対数値の評価を行うのかを考える問題である。ヒントとして与えられる不等式だけでなく，自分で有効な不等式をもち出して考えなければならない。

第 4 章

三角関数

第4章 三角関数 傾向分析

従来の『数学Ⅰ・数学B』では，第1問の中問で15点前後が出題されています。新課程の『数学Ⅱ，数学B，数学C』の試作問題では，中問が大問になって第1問で出題されましたが，問題の分量としては変わらず15点分で，2021年度の第1日程の第1問〔1〕と共通問題でした。

三角関数の方程式や不等式，最大・最小，加法定理や2倍角の公式といった種々の公式，三角関数の合成などを扱う単元で，新課程でも内容的に変更はありません。共通テストでは，指数・対数関数と同様に，計算を主体としたものよりは，**定性的な理解**に重点が置かれており，**図形の考察**を主体とした問題などが出題されています。

共通テストでの出題項目

試　験	大　問	出題項目	配　点
新課程 試作問題	第1問 (演習問題4－1)	三角関数の最大値	15点
2023本試験	第1問〔1〕	三角関数の不等式 考察・証明	18点
2022追試験	第1問〔2〕	三角関数の相互関係，加法定理，2倍角の公式 会話設定	15点
2021本試験 (第1日程)	第1問〔1〕	三角関数の最大値	15点
2021本試験 (第2日程)	第1問〔2〕	三角関数に関わる図形についての命題 考察・証明	17点

学習指導要領における内容

ア．次のような知識及び技能を身に付けること。

（ア）　角の概念を一般角まで拡張する意義や弧度法による角度の表し方について理解すること。

（イ）　三角関数の値の変化やグラフの特徴について理解すること。

（ウ）　三角関数の相互関係などの基本的な性質を理解すること。

（エ）　三角関数の加法定理や 2 倍角の公式，三角関数の合成について理解すること。

イ．次のような思考力，判断力，表現力等を身に付けること。

（ア）　三角関数に関する様々な性質について考察するとともに，三角関数の加法定理から新たな性質を導くこと。

（イ）　三角関数の式とグラフの関係について多面的に考察すること。

（ウ）　二つの数量の関係に着目し，日常の事象や社会の事象などを数学的に捉え，問題を解決したり，解決の過程を振り返って事象の数学的な特徴や他の事象との関係を考察したりすること。

問題 4－1　演習問題

試作問題　第1問

(1)　次の**問題A**について考えよう。

問題A　関数 $y=\sin\theta+\sqrt{3}\cos\theta\ \left(0\leqq\theta\leqq\dfrac{\pi}{2}\right)$ の最大値を求めよ。

$$\sin\frac{\pi}{\boxed{\text{ア}}}=\frac{\sqrt{3}}{2},\quad \cos\frac{\pi}{\boxed{\text{ア}}}=\frac{1}{2}$$

であるから，三角関数の合成により

$$y=\boxed{\text{イ}}\sin\left(\theta+\frac{\pi}{\boxed{\text{ア}}}\right)$$

と変形できる。よって，y は $\theta=\dfrac{\pi}{\boxed{\text{ウ}}}$ で最大値 $\boxed{\text{エ}}$ をとる。

(2)　p を定数とし，次の**問題B**について考えよう。

問題B　関数 $y=\sin\theta+p\cos\theta\ \left(0\leqq\theta\leqq\dfrac{\pi}{2}\right)$ の最大値を求めよ。

(i)　$p=0$ のとき，y は $\theta=\dfrac{\pi}{\boxed{\text{オ}}}$ で最大値 $\boxed{\text{カ}}$ をとる。

(ii)　$p>0$のときは，加法定理

$$\cos(\theta-\alpha)=\cos\theta\cos\alpha+\sin\theta\sin\alpha$$

を用いると

$$y=\sin\theta+p\cos\theta=\sqrt{\boxed{キ}}\cos(\theta-\alpha)$$

と表すことができる。ただし，αは

$$\sin\alpha=\frac{\boxed{ク}}{\sqrt{\boxed{キ}}},\quad \cos\alpha=\frac{\boxed{ケ}}{\sqrt{\boxed{キ}}},\quad 0<\alpha<\frac{\pi}{2}$$

を満たすものとする。このとき，yは$\theta=\boxed{コ}$で最大値

$\sqrt{\boxed{サ}}$をとる。

(iii)　$p<0$のとき，yは$\theta=\boxed{シ}$で最大値$\boxed{ス}$をとる。

$\boxed{キ}$～$\boxed{ケ}$，$\boxed{サ}$，$\boxed{ス}$の解答群（同じものを繰り返し選んでもよい。）

⓪　-1	①　1	②　$-p$
③　p	④　$1-p$	⑤　$1+p$
⑥　$-p^2$	⑦　p^2	⑧　$1-p^2$
⑨　$1+p^2$	ⓐ　$(1-p)^2$	ⓑ　$(1+p)^2$

$\boxed{コ}$，$\boxed{シ}$の解答群（同じものを繰り返し選んでもよい。）

⓪　0	①　α	②　$\frac{\pi}{2}$

問題 4－1　解答解説

解答記号	$\sin\frac{\pi}{\text{ア}}$	イ	$\frac{\pi}{\text{ウ}}$	エ	$\frac{\pi}{\text{オ}}$	カ	キ	ク	ケ	コ	サ	シ	ス
正　解	$\sin\frac{\pi}{3}$	2	$\frac{\pi}{6}$	2	$\frac{\pi}{2}$	1	⑨	①	③	①	⑨	②	①
チェック													

《三角関数の最大値》

(1)　関数 $y=\sin\theta+\sqrt{3}\cos\theta\ \left(0\leqq\theta\leqq\frac{\pi}{2}\right)$ ……Ⓐ の最大値を求める。

$$\sin\frac{\pi}{\boxed{3}}=\frac{\sqrt{3}}{2}\quad\rightarrow\text{ア},\quad\cos\frac{\pi}{3}=\frac{1}{2}$$

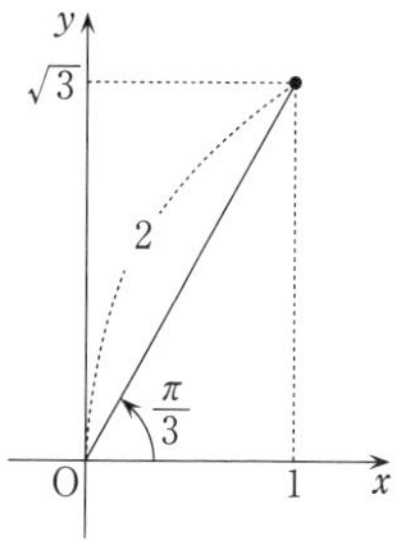

であるから，Ⓐの右辺に対する三角関数の合成により，Ⓐは

$$y=\boxed{2}\sin\left(\theta+\frac{\pi}{3}\right)\quad\rightarrow\text{イ}$$

と変形できる。$0\leqq\theta\leqq\frac{\pi}{2}$ より，$\frac{\pi}{3}\leqq\theta+\frac{\pi}{3}\leqq\frac{5}{6}\pi$ であるから，

y は

$$\theta+\frac{\pi}{3}=\frac{\pi}{2}\quad\text{すなわち}\quad\theta=\frac{\pi}{\boxed{6}}\quad\rightarrow\text{ウ}$$

で最大値 $\boxed{2}$ →エ をとる。

(2)　関数 $y=\sin\theta+p\cos\theta\ \left(0\leqq\theta\leqq\frac{\pi}{2}\right)$ ……Ⓑ の最大値を求める。

(i)　$p=0$ のとき，Ⓑは

$$y=\sin\theta\quad\left(0\leqq\theta\leqq\frac{\pi}{2}\right)$$

であるから，y は $\theta=\frac{\pi}{\boxed{2}}$ →オ で最大値 $\boxed{1}$ →カ をとる。

(ii)　$p>0$ のとき，加法定理

$$\cos(\theta-\alpha)=\cos\theta\cos\alpha+\sin\theta\sin\alpha$$

を用いると

$$r\cos(\theta-\alpha)=(r\sin\alpha)\sin\theta+(r\cos\alpha)\cos\theta\quad(r\text{ は正の定数})$$

が成り立つから，Ⓑは

$$y=\sin\theta+p\cos\theta=r\cos(\theta-\alpha)$$

と表すことができる。

ただし，$r\sin\alpha=1$，$r\cos\alpha=p$ であるから，右図より

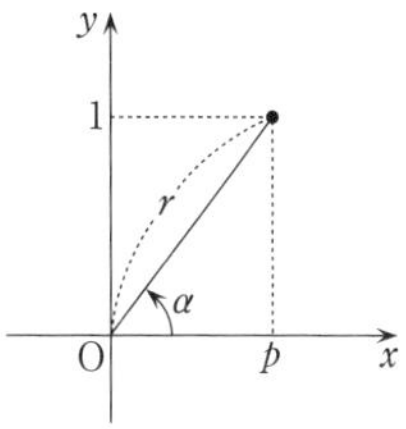

$r=\sqrt{1+p^2}$　⑨　→キ

であり，α は

$\sin\alpha=\dfrac{1}{\sqrt{1+p^2}}$　①　→ク

$\cos\alpha=\dfrac{p}{\sqrt{1+p^2}}$　③　→ケ

$0<\alpha<\dfrac{\pi}{2}$

を満たすものとする。

このとき，y は，$\theta-\alpha=0$ すなわち $\theta=\boldsymbol{\alpha}$　①　→コ で最大値 $r=\sqrt{1+p^2}$　⑨　→サ をとる。

(iii)　$p<0$ のとき，$0\leqq\theta\leqq\dfrac{\pi}{2}$ より，θ が大きくなるにつれ，$\sin\theta$ の値は増加して $\cos\theta$ の値は減少するので，$y=\sin\theta+p\cos\theta$ の値は増加する。したがって，y は $\theta=\dfrac{\pi}{2}$　②　→シ で最大値 1　①　→ス をとる。

解説

(1)　三角関数の合成については，次の［Ⅰ］がよく使われるが，［Ⅱ］の形もある。いずれも加法定理から導ける。

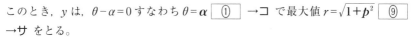

ポイント　三角関数の合成

［Ⅰ］　$a\sin\theta+b\cos\theta=\sqrt{a^2+b^2}\sin(\theta+\alpha)$

$\left(\text{ただし，}\cos\alpha=\dfrac{a}{\sqrt{a^2+b^2}},\ \sin\alpha=\dfrac{b}{\sqrt{a^2+b^2}}\right)$

［Ⅱ］　$a\sin\theta+b\cos\theta=\sqrt{a^2+b^2}\cos(\theta-\beta)$

$\left(\text{ただし，}\sin\beta=\dfrac{a}{\sqrt{a^2+b^2}},\ \cos\beta=\dfrac{b}{\sqrt{a^2+b^2}}\right)$

(2)　(i)は容易である。(ii)は，上の［Ⅱ］を知っていればよいが，［Ⅰ］の作り方を理解していれば対応できるであろう。

$0\leqq\theta\leqq\dfrac{\pi}{2}$，$0<\alpha<\dfrac{\pi}{2}$ より，$-\dfrac{\pi}{2}<\theta-\alpha<\dfrac{\pi}{2}$ であるので，$\cos(\theta-\alpha)=1$ となるのは $\theta-\alpha=0$ のときだけである。

(iii)は，$p<0$ であるので，θ が $0 \leqq \theta \leqq \frac{\pi}{2}$ で増えると $y=\sin\theta+p\cos\theta$ が増加することに注目すればよい。

問題　4 — 2　演習問題

オリジナル問題

花子さんと太郎さんは宿題について話し合っている。会話を読んで，下の問いに答えよ。

宿題

$0 \leqq \theta < 2\pi$ において，不等式

$$\cos 2\theta > \sin\theta + \cos\theta \quad \cdots\cdots ①$$

を解け。

太郎：三角関数を含む不等式の問題だね。まずは，角を θ にそろえるために，余弦についての 2 倍角の公式

$$\cos 2\theta = \boxed{ア}$$

を用いて，①を変形してみよう。

花子：これを用いて，①を変形して整理すると

$$(\cos\theta + \sin\theta)(\boxed{イ}) > 0 \quad \cdots\cdots ②$$

となるね。

太郎：②式で，$\cos\theta$ を x に，$\sin\theta$ を y に置き換えた不等式が表す領域を xy 座標平面上に図示すると，図の灰色の部分 $\boxed{ウ}$ になるよ。ただし，境界はすべて含まないことにするよ。

花子：これより，①の解は

$$\boxed{エ}$$

と求まるね。

$\boxed{ア}$ の解答群

⓪ $2\sin\theta\cos\theta$	① $\cos^2\theta$	② $\sin^2\theta$	③ $\cos^2\theta + \sin^2\theta$
④ $\cos\theta\sin\theta$	⑤ $3\cos\theta\sin\theta$	⑥ $\cos^2\theta - \sin^2\theta$	

イ の解答群

⓪ $\cos\theta-\sin\theta$	① $\cos^2\theta-\sin^2\theta+1$	② $\cos\theta+\sin\theta+1$
③ $\cos\theta+\sin\theta-1$	④ $\cos\theta-\sin\theta+1$	⑤ $\cos\theta-\sin\theta-1$

ウ については，最も適当なものを，次の⓪～⑤のうちから一つ選べ。ただし，点線で描かれた円は単位円を表している。

⓪

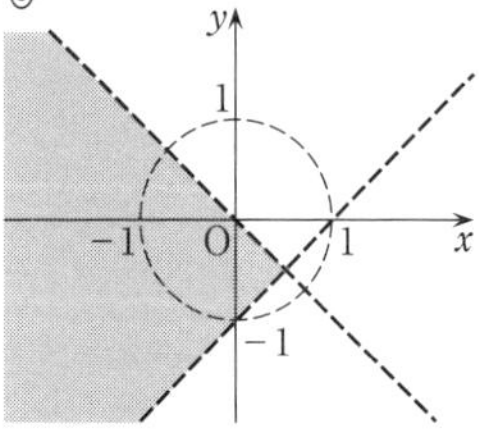

①

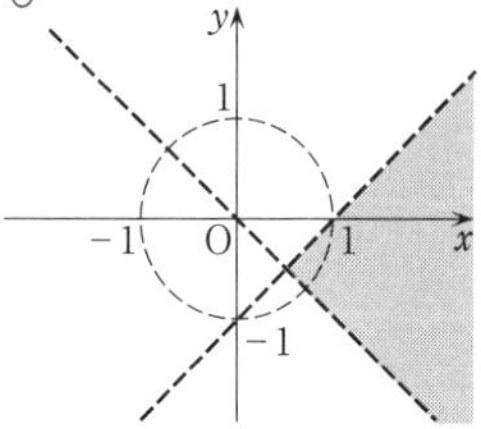

②

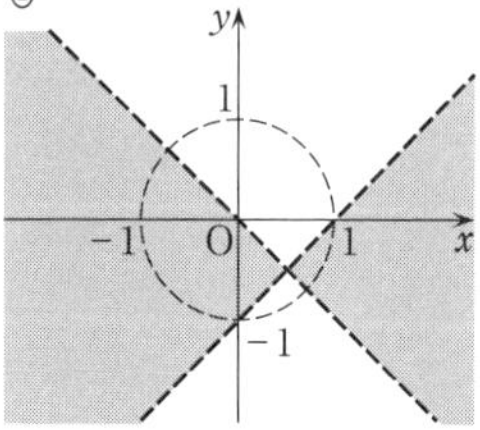

③

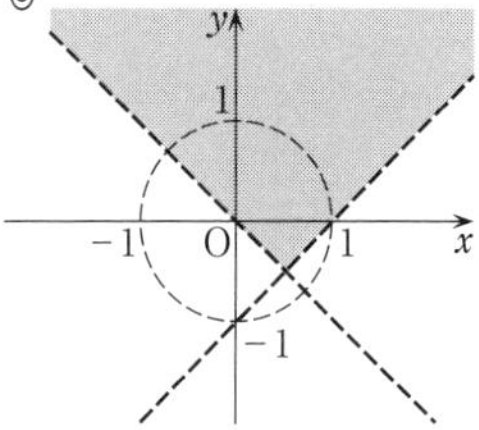

④

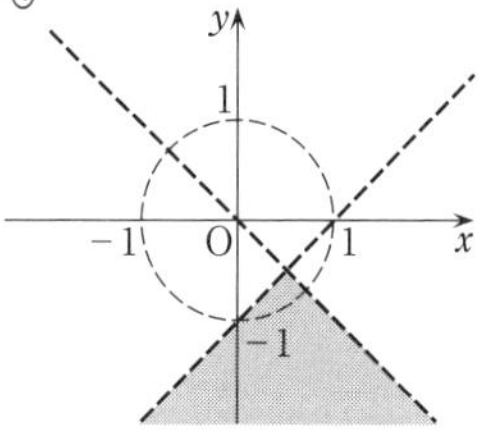

⑤

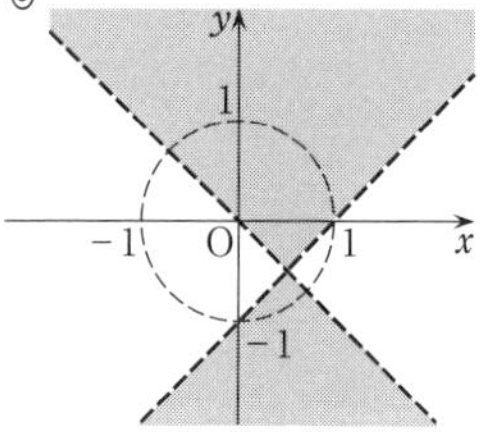

エ の解答群

⓪ $\frac{1}{4}\pi<\theta<\frac{3}{4}\pi$,　$\frac{3}{2}\pi<\theta<2\pi$	① $\frac{1}{6}\pi<\theta<\frac{1}{3}\pi$,　$\frac{7}{4}\pi<\theta<2\pi$
② $\frac{1}{6}\pi<\theta<\frac{1}{2}\pi$,　$\frac{7}{4}\pi<\theta<2\pi$	③ $\frac{1}{3}\pi<\theta<\frac{1}{2}\pi$,　$\frac{5}{6}\pi<\theta<\frac{7}{6}\pi$
④ $\frac{3}{4}\pi<\theta<\pi$,　$\frac{7}{4}\pi<\theta<2\pi$	⑤ $\frac{3}{4}\pi<\theta<\frac{3}{2}\pi$,　$\frac{7}{4}\pi<\theta<2\pi$

問題 4 — 2 解答解説

解答記号	ア	イ	ウ	エ
正　解	⑥	⑤	②	⑤
チェック				

《三角関数の定義，2 倍角の公式》　会話設定

余弦についての 2 倍角の公式は

$\cos 2\theta = \boldsymbol{\cos^2\theta - \sin^2\theta}$　⑥　→ア

である。

$$① \Longleftrightarrow \cos 2\theta - (\sin\theta + \cos\theta) > 0$$
$$\Longleftrightarrow (\cos^2\theta - \sin^2\theta) - (\cos\theta + \sin\theta) > 0$$
$$\Longleftrightarrow (\cos\theta + \sin\theta)(\cos\theta - \sin\theta) - (\cos\theta + \sin\theta) > 0$$
$$\Longleftrightarrow (\cos\theta + \sin\theta)(\boldsymbol{\cos\theta - \sin\theta - 1}) > 0 \quad \cdots\cdots ②$$

したがって　⑤　→イ　である。

②において，$\cos\theta$ を x に，$\sin\theta$ を y に置き換えた不等式は

$$(x+y)(x-y-1) > 0$$

である。

$$(x+y)(x-y-1) > 0 \Longleftrightarrow \begin{cases} x+y>0 \\ x-y-1>0 \end{cases} \text{ または } \begin{cases} x+y<0 \\ x-y-1<0 \end{cases}$$
$$\Longleftrightarrow \begin{cases} y>-x \\ y<x-1 \end{cases} \text{ または } \begin{cases} y<-x \\ y>x-1 \end{cases}$$

これが表す領域を xy 座標平面上に図示すると，下図のようになる（境界はすべて含まない。この領域を D と呼ぶことにする）。　②　→ウ

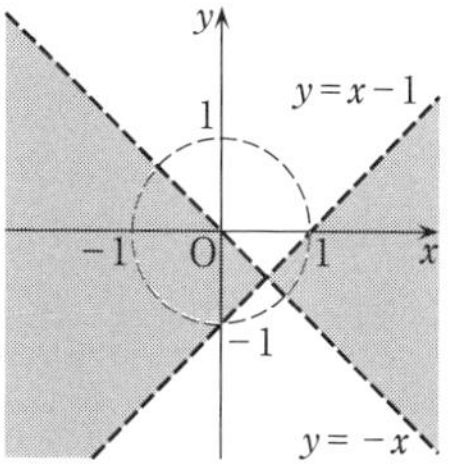

②を満たす θ（$0 \leqq \theta < 2\pi$）は，単位円周上の点（$\cos\theta$，$\sin\theta$）が領域 D に含まれるような θ（$0 \leqq \theta < 2\pi$）であるから

$$\frac{3}{4}\pi<\theta<\frac{3}{2}\pi,\quad \frac{7}{4}\pi<\theta<2\pi$$ ⑤ →エ

が解である。

解説

本問は，三角関数の定義（単位円上の点の x 座標が cos，y 座標が sin）に立ち返り，定義から図形的に不等式を解く問題である。

まずは，余弦の2倍角の公式を用いて角を θ に統一しておく。そして少し変形すると，本問は，$0\leqq\theta<2\pi$ において

$$(\cos\theta+\sin\theta)(\cos\theta-\sin\theta-1)>0 \quad \cdots\cdots②$$

という問題に帰着される。ここからが本問の主題である。一旦，単位円や三角関数の問題であることを忘れて，xy 座標平面で，不等式

$$(x+y)(x-y-1)>0$$

が表す領域 D を考える。この領域 D 内の点の x 座標と y 座標の間に $(x+y)(x-y-1)>0$ という関係式が成り立っている。

そこで，再び単位円や三角関数の問題であることを思い出すと，動径の表す角 θ が $0\leqq\theta<2\pi$ の範囲で，②を満たす θ について，$(\cos\theta,\ \sin\theta)$ は領域 D 内の点のうち単位円上にもある点である。すなわち，θ を 0 から 2π まで変化させたとき，単位円上を動く点が領域 D に入っているような θ を答えればよいわけである。

なお，本問において，次のような考察も可能である。

①を倍角公式を用いて変形すると，$\sin\theta<2\cos^2\theta-\cos\theta-1$ が得られる。

一旦，三角関数を忘れて，xy 平面上で，不等式 $y<2x^2-x-1$ が表す領域を図示すると，右図の網目部分のようになる。

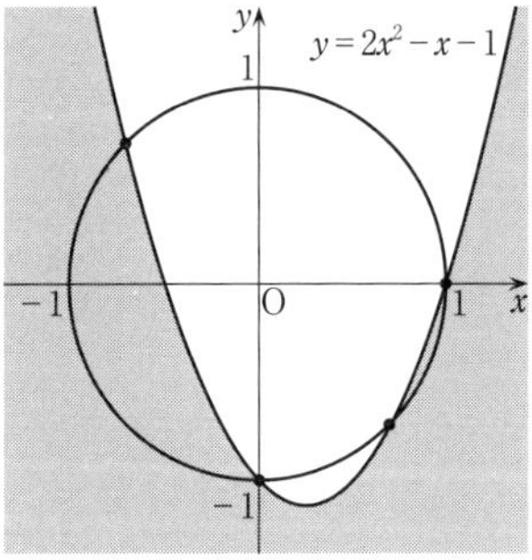

ここで，三角関数の問題であることを思い出して（図に単位円を重ねて）境界の放物線 $y=2x^2-x-1$ と単位円との交点を計算すると，4点 $(1,\ 0)$，$\left(-\frac{1}{\sqrt{2}},\ \frac{1}{\sqrt{2}}\right)$，$(0,\ -1)$，$\left(\frac{1}{\sqrt{2}},\ -\frac{1}{\sqrt{2}}\right)$ が得られる。

このようにして，①の解 $\frac{3}{4}\pi<\theta<\frac{3}{2}\pi$，$\frac{7}{4}\pi<\theta<2\pi$ を導くこともできる。

参考　本問と関連して，三角関数で最も出題される $\sin\theta+\cos\theta$ の扱いに関して，次の事柄を解説しておく。

- $0\leqq\theta\leqq\pi$ における $t=\sin\theta+\cos\theta$ のとり得る値の範囲を求める方法について

方法1　（合成する）

$t=\sqrt{2}\sin\left(\theta+\dfrac{\pi}{4}\right)$ であり，$0\leqq\theta\leqq\pi$ より，$\dfrac{\pi}{4}\leqq\theta+\dfrac{\pi}{4}\leqq\dfrac{5}{4}\pi$ であるから

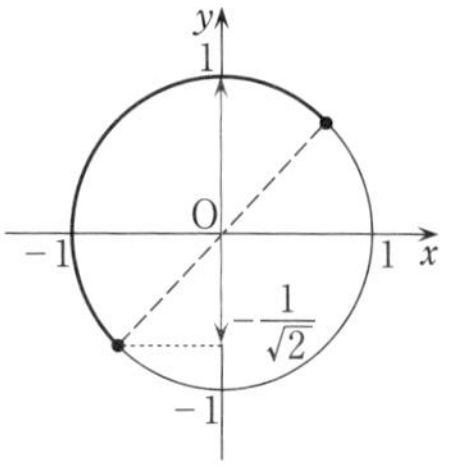

$$-\frac{1}{\sqrt{2}}\leqq\sin\left(\theta+\frac{\pi}{4}\right)\leqq1$$

$$-1\leqq\sqrt{2}\sin\left(\theta+\frac{\pi}{4}\right)\leqq\sqrt{2}$$

$\therefore\quad -1\leqq t\leqq\sqrt{2}$

（注）　合成が sin の加法定理を利用しているのに対して，cos で合成すると（cos の加法定理を利用して）

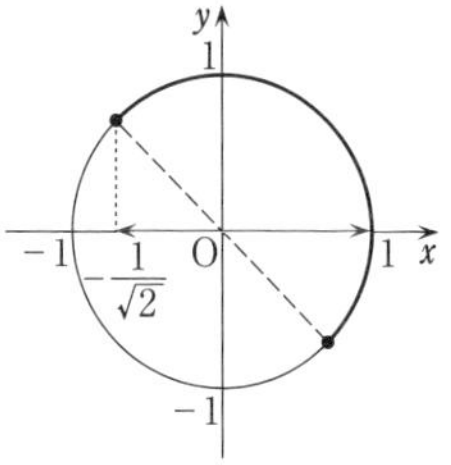

$$t=\cos\theta+\sin\theta=\sqrt{2}\left(\cos\theta\cdot\frac{1}{\sqrt{2}}+\sin\theta\cdot\frac{1}{\sqrt{2}}\right)$$

$$=\sqrt{2}\cos\left(\theta-\frac{\pi}{4}\right)$$

$0\leqq\theta\leqq\pi$ より，$-\dfrac{\pi}{4}\leqq\theta-\dfrac{\pi}{4}\leqq\dfrac{3}{4}\pi$ であるから

$$-\frac{1}{\sqrt{2}}\leqq\cos\left(\theta-\frac{\pi}{4}\right)\leqq1\qquad -1\leqq\sqrt{2}\cos\left(\theta-\frac{\pi}{4}\right)\leqq\sqrt{2}$$

$\therefore\quad -1\leqq t\leqq\sqrt{2}$

なお，2021 年度本試験第 2 日程で cos での合成が出題されているので，参考にしてもらいたい。

方法2　（平面上の 2 つのベクトルの内積とみる）

$$t=\sin\theta+\cos\theta$$
$$=1\cdot\cos\theta+1\cdot\sin\theta$$
$$=(1,\ 1)\cdot(\cos\theta,\ \sin\theta)$$

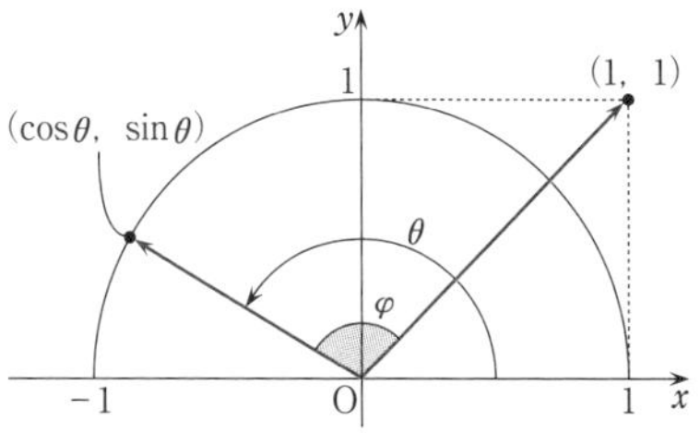

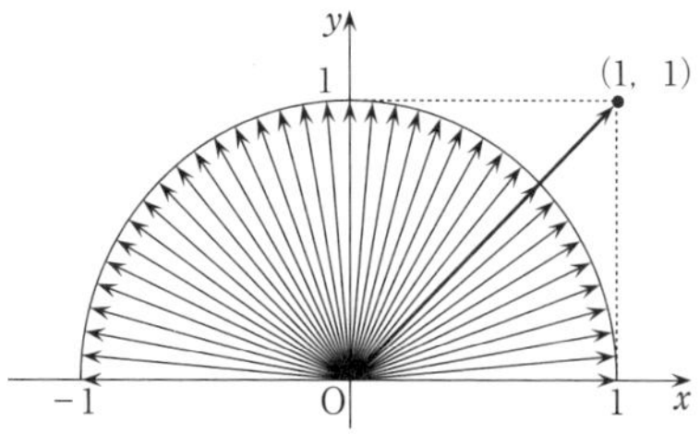

ベクトル（1，1）と（$\cos\theta$，$\sin\theta$）の内積は，なす角を φ とすれば，$0\leqq\varphi\leqq\dfrac{3}{4}\pi$ であり

$$(\text{内積})=\sqrt{2}\cdot1\cdot\cos\varphi=\sqrt{2}\cos\varphi=t$$

より

$$-\frac{1}{\sqrt{2}} \leqq \cos\varphi \leqq 1$$

$$-1 \leqq \sqrt{2}\cos\varphi \leqq \sqrt{2}$$

$$\therefore\quad -1 \leqq t \leqq \sqrt{2}$$

(注)　なお，t を内積とみて変形した最終的な式は，**方法1**で述べた cos で合成した式と同じ形になっている。内積と捉えると，t を最大や最小とする θ の値を一見しただけで把握できる。

方法3　($\cos\theta+\sin\theta=k$ とおき，“図形と方程式”の問題として処理する)

点 $(\cos\theta,\ \sin\theta)$ は単位円上の点であり，$0 \leqq \theta \leqq \pi$ を動くとき，単位円の上半分を動く。このとき，$\cos\theta+\sin\theta$ が，例えば0という値をとるかどうかを考えてみる。つまり，単位円の上半分の点のうち，(x 座標) + (y 座標) = 0 となるものがあるかを考える。

xy 座標平面上で，(x 座標) + (y 座標) = 0 を満たす点の集合は，直線 $x+y=0$，つまり $y=-x$ であるから，この直線と「単位円の上半分」との共有点があるかどうかを考えればよい。共有点があれば，その共有点の座標 $(\cos\theta,\ \sin\theta)$ $(0 \leqq \theta \leqq \pi)$ は $\cos\theta+\sin\theta=0$ を満たすので，$\cos\theta+\sin\theta$ は0という値をとり得る。一方，共有点がなければ，$\cos\theta+\sin\theta$ は0という値をとり得ない。「単位円の上半分」と直線 $y=-x+0$ は共有点をもつので，$\cos\theta+\sin\theta$ $(0 \leqq \theta \leqq \pi)$ は値0をとり得る。

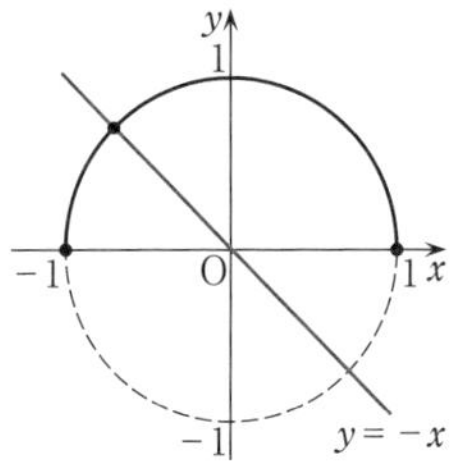

$\cos\theta+\sin\theta$ が実数値 k をとる条件は，「単位円の上半分」と直線 $y=-x+k$ が共有点をもつことであり，この直線の傾きが -1 で，k によらず一定であり，k がこの直線の y 切片をも表していることに注意すると，k の条件は

$$-1 \leqq k \leqq \sqrt{2}$$

よって，$\cos\theta+\sin\theta$ のとり得る値の範囲は

$$-1 \leqq \cos\theta+\sin\theta \leqq \sqrt{2}$$

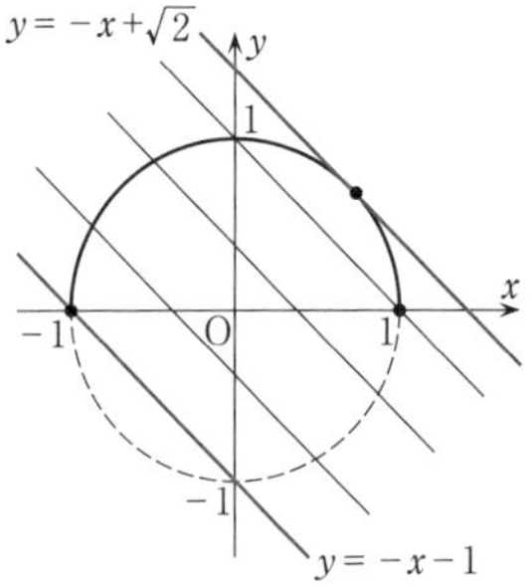

問題　4－3　演習問題

オリジナル問題

　太郎さんと花子さんが次の問題について話し合っている。会話を読んで，下の問いに答えよ。

問題

$A=60^\circ$ である三角形 ABC について

$$I=\sin B\sin C$$

のとり得る値の範囲を求めよ。

太郎：$A=60^\circ$ は弧度法で表すと，$A=\dfrac{\pi}{\boxed{\text{ア}}}$ だね。

　　ということは，$B+C=\dfrac{\boxed{\text{イ}}\pi}{\boxed{\text{ウ}}}$ だね。

花子：すると，$\sin B\sin C=\sin B\cdot\sin\left(\dfrac{\boxed{\text{イ}}\pi}{\boxed{\text{ウ}}}-B\right)$ となるね。

太郎：この後，次のように考えたよ。

4－3

　加法定理より

$$\sin\left(\frac{\boxed{\text{イ}}\pi}{\boxed{\text{ウ}}}-B\right)=\sin\frac{\boxed{\text{イ}}\pi}{\boxed{\text{ウ}}}\cos B-\cos\frac{\boxed{\text{イ}}\pi}{\boxed{\text{ウ}}}\sin B$$

$$=\frac{\sqrt{\boxed{\text{エ}}}}{\boxed{\text{オ}}}\cos B+\frac{\boxed{\text{カ}}}{\boxed{\text{キ}}}\sin B$$

よって

$$I=\sin B\sin\left(\frac{\boxed{\text{イ}}\pi}{\boxed{\text{ウ}}}-B\right)=\frac{\sqrt{\boxed{\text{エ}}}}{\boxed{\text{オ}}}\sin B\cos B+\frac{\boxed{\text{カ}}}{\boxed{\text{キ}}}\sin^2 B$$

である。

太郎：ここで止まっちゃったんだ。
花子：次の式を用いてみてはどうだろう。

$$\sin B\cos B=\frac{1}{2}\sin\boxed{ク}B,\quad \sin^2 B=\frac{\boxed{ケ}-\cos\boxed{ク}B}{2}$$

太郎：なるほど。確かに“次数が下がって”式が見やすくなるね。
続きを書いてみるよ。

$$I=\frac{1}{2}\left(\frac{\sqrt{\boxed{エ}}}{\boxed{オ}}\sin\boxed{ク}B-\frac{\boxed{カ}}{\boxed{キ}}\cos\boxed{ク}B\right)+\frac{\boxed{ケ}}{\boxed{コ}}$$

となるから

$$I=\frac{1}{2}\left(\cos\frac{\boxed{サ}}{\boxed{シ}}\pi\cos\boxed{ク}B+\sin\frac{\boxed{サ}}{\boxed{シ}}\pi\sin\boxed{ク}B\right)+\frac{\boxed{ケ}}{\boxed{コ}}$$

$\left(\text{ただし，}0\leqq\frac{\boxed{サ}}{\boxed{シ}}\pi<2\pi\text{ とする}\right)$

$$=\frac{1}{2}\cos\left(\boxed{ク}B-\frac{\boxed{サ}}{\boxed{シ}}\pi\right)+\frac{\boxed{ケ}}{\boxed{コ}}$$

ここで，$B+C=\frac{\boxed{イ}}{\boxed{ウ}}\pi$ と $B>0$，$C>0$ から，B のとり得る値の範囲は

$$0<B<\frac{\boxed{ス}}{\boxed{セ}}\pi$$

となり，これより，$\boxed{ク}B-\frac{\boxed{サ}}{\boxed{シ}}\pi$ のとり得る値の範囲は

$$-\frac{\boxed{ソ}}{\boxed{タ}}\pi<\boxed{ク}B-\frac{\boxed{サ}}{\boxed{シ}}\pi<\frac{\boxed{ソ}}{\boxed{タ}}\pi$$

である。したがって，I のとり得る値の範囲は，$\boxed{チ}$ と求まる。

$\boxed{チ}$ の解答群

⓪ $0<I<\frac{1}{2}$	① $0\leqq I<\frac{1}{2}$	② $0<I\leqq\frac{1}{2}$	③ $0\leqq I\leqq\frac{1}{2}$
④ $0<I<\frac{3}{4}$	⑤ $0\leqq I<\frac{3}{4}$	⑥ $0<I\leqq\frac{3}{4}$	⑦ $0\leqq I\leqq\frac{3}{4}$

花子：合成を用いたんだね。昨日習った公式を用いてもできそうだね。

昨日習った公式

任意の実数α，βについて

$$\cos(\alpha+\beta)-\cos(\alpha-\beta)=-2\sin\alpha\sin\beta$$

が成り立つ。

太郎：この式の右辺には，二つの正弦の積が含まれ，左辺へと変形することで，二つの余弦の差を作ることができるね。でも，どうしてこの公式を使おうと思ったの？

花子：それは，$\alpha=B$，$\beta=\dfrac{\boxed{\text{イ}}}{\boxed{\text{ウ}}}\pi-B$とみることで，$\alpha+\beta$は$B$によらない数となるからだよ。実際にやってみるね。

$$I=\sin B\sin\left(\frac{\boxed{\text{イ}}}{\boxed{\text{ウ}}}\pi-B\right)$$

$$=-\frac{1}{2}\left\{\cos\frac{\boxed{\text{ツ}}}{\boxed{\text{テ}}}\pi-\cos\left(\boxed{\text{ト}}B-\frac{\boxed{\text{ツ}}}{\boxed{\text{テ}}}\pi\right)\right\}$$

$$=\frac{1}{2}\cos\left(\boxed{\text{ト}}B-\frac{\boxed{\text{ツ}}}{\boxed{\text{テ}}}\pi\right)+\frac{\boxed{\text{ナ}}}{\boxed{\text{ニ}}}$$

太郎：なるほど。あとは，Bのとり得る値の範囲を考えて，さっきと同じように解けるね。

問題 4 — 3　解答解説

解答記号	$\frac{\pi}{ア}$	$\frac{イ\pi}{ウ}$	$\frac{\sqrt{エ}}{オ}$	$\frac{カ}{キ}$	$\sin クB$	$\frac{ケ-\cos クB}{2}$	$\frac{ケ}{コ}$	$\frac{サ\pi}{シ}$	$\frac{ス\pi}{セ}$	$\frac{ソ\pi}{タ}$
正　解	$\frac{\pi}{3}$	$\frac{2\pi}{3}$	$\frac{\sqrt{3}}{2}$	$\frac{1}{2}$	$\sin 2B$	$\frac{1-\cos 2B}{2}$	$\frac{1}{4}$	$\frac{2\pi}{3}$	$\frac{2\pi}{3}$	$\frac{2\pi}{3}$
チェック										

解答記号	チ	$\frac{ツ\pi}{テ}$	トB	$\frac{ナ}{ニ}$
正　解	⑥	$\frac{2\pi}{3}$	$2B$	$\frac{1}{4}$
チェック				

《三角関数の合成，積和の公式を用いた変形》　会話設定

$A=60^\circ=\dfrac{\pi}{\boxed{3}}$ →ア，$A+B+C=\pi$ より，$B+C=\pi-\dfrac{\pi}{3}=\dfrac{\boxed{2}\pi}{\boxed{3}}$ →イ，ウ である。

よって

$$I=\sin B\sin\left(\frac{2\pi}{3}-B\right)$$
$$=\sin B\left(\sin\frac{2\pi}{3}\cos B-\cos\frac{2\pi}{3}\sin B\right)$$
$$=\sin B\left(\frac{\sqrt{\boxed{3}}}{\boxed{2}}\cos B+\frac{\boxed{1}}{\boxed{2}}\sin B\right)$$ →エ，オ，カ，キ
$$=\frac{\sqrt{3}}{2}\sin B\cos B+\frac{1}{2}\sin^2 B$$

また，$\sin 2B=2\sin B\cos B$ より　$\sin B\cos B=\dfrac{1}{2}\sin\boxed{2}B$ →ク

$\cos 2B=\cos^2 B-\sin^2 B=1-2\sin^2 B$ より　$\sin^2 B=\dfrac{\boxed{1}-\cos 2B}{2}$ →ケ

であるから

$$I=\frac{\sqrt{3}}{2}\cdot\frac{1}{2}\sin 2B+\frac{1}{2}\cdot\frac{1-\cos 2B}{2}$$
$$=\frac{1}{2}\left(\frac{\sqrt{3}}{2}\sin 2B-\frac{1}{2}\cos 2B\right)+\frac{1}{\boxed{4}}$$ →コ

$$=\frac{1}{2}\left(\cos\frac{\boxed{2}\pi}{\boxed{3}}\cos 2B+\sin\frac{2\pi}{3}\sin 2B\right)+\frac{1}{4}$$ →サ，シ

$$=\frac{1}{2}\cos\left(2B-\frac{2\pi}{3}\right)+\frac{1}{4}$$

ここで，$B+C=\frac{2\pi}{3}$，$B>0$，$C>0$ より，$\frac{2\pi}{3}-B>0$ とあわせて，B のとり得る値の範囲は

$$0<B<\frac{\boxed{2}\pi}{\boxed{3}}$$ →ス，セ

である。すると，$2B-\frac{2\pi}{3}$ のとり得る値の範囲は

$$-\frac{\boxed{2}\pi}{\boxed{3}}<2B-\frac{2\pi}{3}<\frac{2\pi}{3}$$ →ソ，タ

である。ゆえに，$\cos\left(2B-\frac{2\pi}{3}\right)$ のとり得る値の範囲は

$$-\frac{1}{2}<\cos\left(2B-\frac{2\pi}{3}\right)\leqq 1$$

である。したがって，I のとり得る値の範囲は

$$\mathbf{0<I\leqq\frac{3}{4}}\quad\boxed{⑥}$$ →チ

である。

花子さんが昨日習った公式は，加法定理から導ける。

$$\cos(\alpha+\beta)=\cos\alpha\cos\beta-\sin\alpha\sin\beta \quad\cdots\cdots①$$

$$\cos(\alpha-\beta)=\cos\alpha\cos\beta+\sin\alpha\sin\beta \quad\cdots\cdots②$$

が成り立つので，①－② より

$$\cos(\alpha+\beta)-\cos(\alpha-\beta)=-2\sin\alpha\sin\beta$$

である。これを用いると

$$I=\sin B\sin\left(\frac{2\pi}{3}-B\right)$$

$$=-\frac{1}{2}\left[\cos\left\{B+\left(\frac{2\pi}{3}-B\right)\right\}-\cos\left\{B-\left(\frac{2\pi}{3}-B\right)\right\}\right]$$

$$=-\frac{1}{2}\left\{\cos\frac{\boxed{2}\pi}{\boxed{3}}-\cos\left(\boxed{2}B-\frac{2\pi}{3}\right)\right\}$$ →ツ，テ，ト

$$=\frac{1}{2}\cos\left(2B-\frac{2\pi}{3}\right)+\frac{\boxed{1}}{\boxed{4}}$$ →ナ，ニ

と導け，先の結果と同じになることが確かめられる。

解説

本問は，内角の一つが60°と固定されている三角形について，残りの二つの内角の正弦の積のとり得る値の範囲を求める問題である。

二つの内角といっても，内角の和が180°であるから，結局は，一つの内角の大きさに依存して，求めたい正弦の積が変化する。

二つの正弦の積の中に別々に変数が存在するため，その積の値の変化が追いにくいので，どう処理するかというのが本問のテーマである。太郎さんは三角関数の合成を用いて，花子さんは積和の公式を用いて上手に処理している。

会話形式であり，議論の流れに沿って考えていけばよい。本問に出てくる**昨日習った公式**は，左辺のそれぞれの項を加法定理を用いて変形すれば自然に右辺が得られることから，その成立を確認することができる。

これは積和の公式と呼ばれる公式の一つである。積和の公式や和積の公式は，いずれも加法定理を用いて導出できるようにしておくことが望ましい。

加法定理より

$$\begin{cases} \sin(\alpha+\beta)+\sin(\alpha-\beta)=2\sin\alpha\cos\beta \\ \sin(\alpha+\beta)-\sin(\alpha-\beta)=2\cos\alpha\sin\beta \\ \cos(\alpha+\beta)+\cos(\alpha-\beta)=2\cos\alpha\cos\beta \\ \cos(\alpha+\beta)-\cos(\alpha-\beta)=-2\sin\alpha\sin\beta \end{cases}$$

これらの両辺を2（あるいは，-2）で割ったものが次の**積和の公式**である。

$$\begin{cases} \sin\alpha\cos\beta=\dfrac{1}{2}\{\sin(\alpha+\beta)+\sin(\alpha-\beta)\} \\ \cos\alpha\sin\beta=\dfrac{1}{2}\{\sin(\alpha+\beta)-\sin(\alpha-\beta)\} \\ \cos\alpha\cos\beta=\dfrac{1}{2}\{\cos(\alpha+\beta)+\cos(\alpha-\beta)\} \\ \sin\alpha\sin\beta=-\dfrac{1}{2}\{\cos(\alpha+\beta)-\cos(\alpha-\beta)\} \end{cases}$$

また，$\alpha+\beta=A$，$\alpha-\beta=B$ とおくと，$\alpha=\dfrac{A+B}{2}$，$\beta=\dfrac{A-B}{2}$ であり，これより次の**和積の公式**が導ける。

$$\begin{cases} \sin A+\sin B=2\sin\dfrac{A+B}{2}\cos\dfrac{A-B}{2} \\ \sin A-\sin B=2\cos\dfrac{A+B}{2}\sin\dfrac{A-B}{2} \\ \cos A+\cos B=2\cos\dfrac{A+B}{2}\cos\dfrac{A-B}{2} \\ \cos A-\cos B=-2\sin\dfrac{A+B}{2}\sin\dfrac{A-B}{2} \end{cases}$$

第 5 章

微分・積分

第5章 微分・積分　傾向分析

従来の『数学Ⅱ・数学B』では，第2問で出題され，大問1題ないし中問2題の計30点分が出題されていました。新課程の『数学Ⅱ，数学B，数学C』の試作問題では，数学Bと数学Cの選択問題が増えた影響もあり，2021年度の第1日程の第2問を一部改題して22点分になっていましたが，最重要分野であることには変わりません。

接線の方程式，**極大と極小**，**不定積分と定積分**，**面積**などを中心に，新課程でも内容的に大きな変更はありません。共通テストでは，計算を主体としたものよりは，**式の意味するところ**や，**グラフの概形の選択**など，本質的な理解が求められる問題が多く出題されています。

共通テストでの出題項目

試験	大問	出題項目	配点
新課程 試作問題	第3問 (演習問題5－1)	接線，面積，3次関数のグラフ 考察・証明	22点
2023本試験	第2問〔1〕 第2問〔2〕	3次関数の微分，体積の最大値 定積分，不定積分 会話設定　実用設定	15点 15点
2023追試験	第2問〔1〕 第2問〔2〕	3次関数の決定と最大値 会話設定　実用設定 定積分の恒等式	20点 10点
2022本試験	第2問〔1〕 第2問〔2〕	3次関数のグラフ，微分法の方程式への応用 2曲線で囲まれた図形の面積	18点 12点
2022追試験	第2問	曲線の平行移動，極大・極小，2曲線で囲まれた図形の面積　考察・証明	30点
2021本試験 (第1日程)	第2問	接線，面積，3次関数のグラフ 考察・証明	30点
2021本試験 (第2日程)	第2問〔1〕 第2問〔2〕	2次関数の増減と極大・極小 絶対値を含む関数のグラフ，図形の面積	17点 13点

学習指導要領における内容

ア．次のような知識及び技能を身に付けること。

（ア） 微分係数や導関数の意味について理解し，関数の定数倍，和及び差の導関数を求めること。

（イ） 導関数を用いて関数の値の増減や極大・極小を調べ，グラフの概形をかく方法を理解すること。

（ウ） 不定積分及び定積分の意味について理解し，関数の定数倍，和及び差の不定積分や定積分の値を求めること。

イ．次のような思考力，判断力，表現力等を身に付けること。

（ア） 関数とその導関数との関係について考察すること。

（イ） 関数の局所的な変化に着目し，日常の事象や社会の事象などを数学的に捉え，問題を解決したり，解決の過程を振り返って事象の数学的な特徴や他の事象との関係を考察したりすること。

（ウ） 微分と積分の関係に着目し，積分の考えを用いて直線や関数のグラフで囲まれた図形の面積を求める方法について考察すること。

問題　5 ― 1　　演習問題

試作問題　第3問

(1)　座標平面上で，次の二つの2次関数のグラフについて考える。

$y = 3x^2 + 2x + 3$　…………………………　①

$y = 2x^2 + 2x + 3$　…………………………　②

①，②の2次関数のグラフには次の**共通点**がある。

共通点

y 軸との交点における接線の方程式は $y =$ [ア] $x +$ [イ] である。

次の⓪〜⑤の2次関数のグラフのうち，y 軸との交点における接線の方程式が $y =$ [ア] $x +$ [イ] となるものは [ウ] である。

[ウ] の解答群

⓪ $y = 3x^2 - 2x - 3$	① $y = -3x^2 + 2x - 3$
② $y = 2x^2 + 2x - 3$	③ $y = 2x^2 - 2x + 3$
④ $y = -x^2 + 2x + 3$	⑤ $y = -x^2 - 2x + 3$

a，b，c を0でない実数とする。

曲線 $y = ax^2 + bx + c$ 上の点 (0, [エ]) における接線を ℓ とすると，その方程式は $y =$ [オ] $x +$ [カ] である。

接線 ℓ と x 軸との交点の x 座標は $\dfrac{\boxed{\text{キク}}}{\boxed{\text{ケ}}}$ である。

a，b，c が正の実数であるとき，曲線 $y=ax^2+bx+c$ と接線 ℓ および直線 $x=\dfrac{\boxed{\text{キク}}}{\boxed{\text{ケ}}}$ で囲まれた図形の面積を S とすると

$$S=\frac{ac^{\boxed{\text{コ}}}}{\boxed{\text{サ}}\,b^{\boxed{\text{シ}}}} \qquad \cdots\cdots\cdots\cdots\cdots\cdots\cdots\cdots\cdots ③$$

である。

③において，$a=1$ とし，S の値が一定となるように正の実数 b，c の値を変化させる。このとき，b と c の関係を表すグラフの概形は $\boxed{\text{ス}}$ である。

$\boxed{\text{ス}}$ については，最も適当なものを，次の⓪～⑤のうちから一つ選べ。

⓪

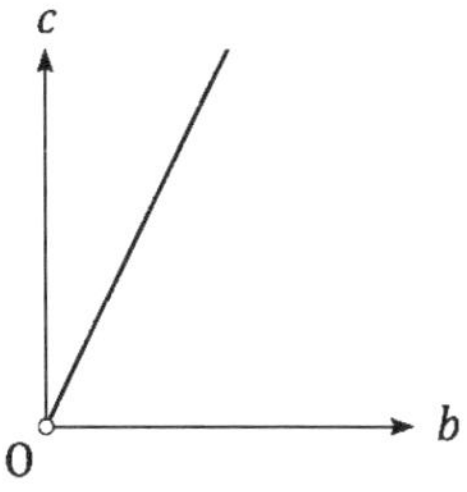

①

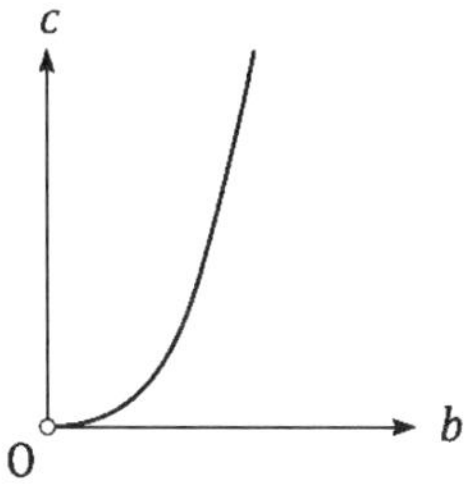

②

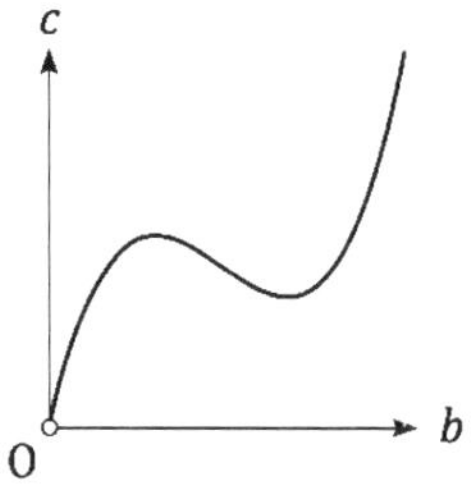

③

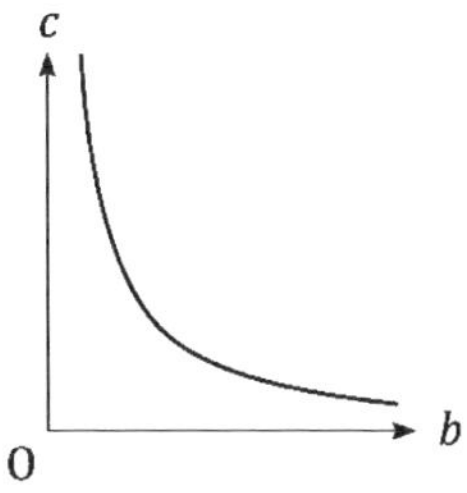

④

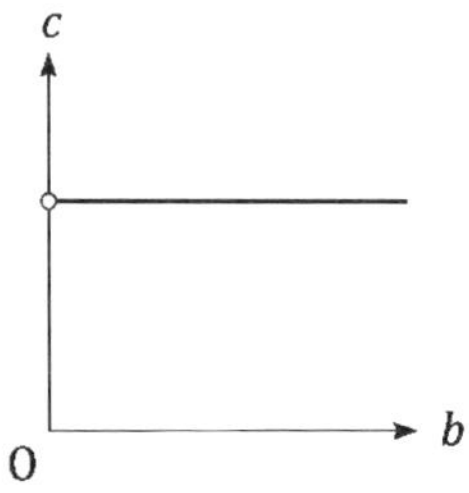

⑤

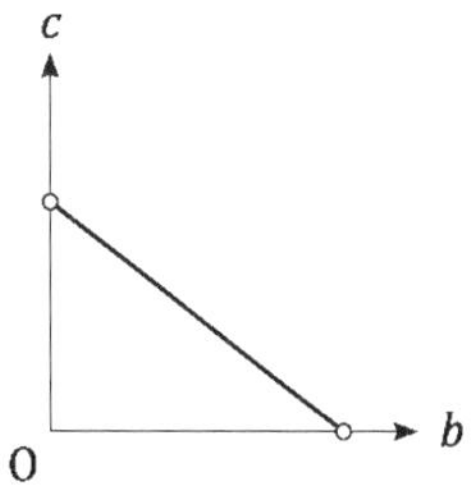

(2) a, b, c, d を0でない実数とする。

$f(x)=ax^3+bx^2+cx+d$とする。このとき，関数$y=f(x)$のグラフとy軸との交点における接線の方程式は$y=$ [セ] $x+$ [ソ] となる。

次に，$g(x)=$ [セ] $x+$ [ソ] とし，$f(x)-g(x)$について考える。

$y=f(x)$のグラフと$y=g(x)$のグラフの共有点のx座標は $\dfrac{\text{タチ}}{\text{ツ}}$ と [テ] である。また，xが $\dfrac{\text{タチ}}{\text{ツ}}$ と [テ] の間を動くとき，$|f(x)-g(x)|$の値が最大となるのは，$x=\dfrac{\text{トナニ}}{\text{ヌネ}}$ のときである。

問題 5－1　解答解説

解答記号	アx＋イ	ウ	エ	オx＋カ	$\dfrac{キク}{ケ}$	$\dfrac{ac^{コ}}{サb^{シ}}$	ス	セx＋ソ	$\dfrac{タチ}{ツ}$	テ	$\dfrac{トナニ}{ヌネ}$
正　解	$2x+3$	④	c	$bx+c$	$\dfrac{-c}{b}$	$\dfrac{ac^3}{3b^3}$	⓪	$cx+d$	$\dfrac{-b}{a}$	0	$\dfrac{-2b}{3a}$
チェック											

《接線，面積，３次関数のグラフ》　考察・証明

(1)
$$y=3x^2+2x+3 \quad \cdots\cdots①$$
$$y=2x^2+2x+3 \quad \cdots\cdots②$$

①，②はいずれも $x=0$ のとき $y=3$ であるから，①，②の２次関数のグラフと y 軸との交点は（0，3）である。

さらに，①，②よりそれぞれ $y'=6x+2$，$y'=4x+2$ が得られ，いずれも $x=0$ のとき $y'=2$ であるから，①，②の２次関数のグラフと y 軸との交点における接線の方程式はいずれも $y=$ [2] $x+$ [3] →ア，イ である。

問題の⓪～⑤の２次関数のグラフのうち，y 軸との交点における接線の方程式が $y=2x+3$（点（0，3）を通り，傾きが２の直線）となるものは

$$\boldsymbol{y=-x^2+2x+3} \quad \boxed{④} \quad →ウ$$

である。なぜなら，点（0，3）を通るものは，③，④，⑤で，それぞれ $y'=4x-2$，$y'=-2x+2$，$y'=-2x-2$ であるから，$x=0$ のとき $y'=2$ となるものは，④のみである。

曲線 $y=ax^2+bx+c$（a，b，c は０でない実数）上の点（0，[c]）→エ における接線 ℓ の方程式は，$y'=2ax+b$（$x=0$ のとき $y'=b$）より

$$y-c=b(x-0) \qquad \therefore\quad y=\boxed{b}\,x+\boxed{c} \quad →オ，カ$$

である。

接線 ℓ と x 軸との交点の x 座標は，$0=bx+c$ より，$\dfrac{\boxed{-c}}{\boxed{b}}$ →キク，ケ である。

a，b，c が正の実数であるとき，曲線 $y=ax^2+bx+c$ と接線 ℓ および直線 $x=-\dfrac{c}{b}$（<0）で囲まれた図形の面積 S は，次図より

$$S=\int_{-\frac{c}{b}}^{0}\{(ax^2+bx+c)-(bx+c)\}\,dx$$

5-1

$$=\int_{-\frac{c}{b}}^{0} ax^2dx=\left[\frac{a}{3}x^3\right]_{-\frac{c}{b}}^{0}$$

$$=0-\frac{a}{3}\left(-\frac{c}{b}\right)^3$$

$$=\frac{ac^{\boxed{3}}}{\boxed{3}\,b^{\boxed{3}}}$$ →コ，サ，シ　……③

である。

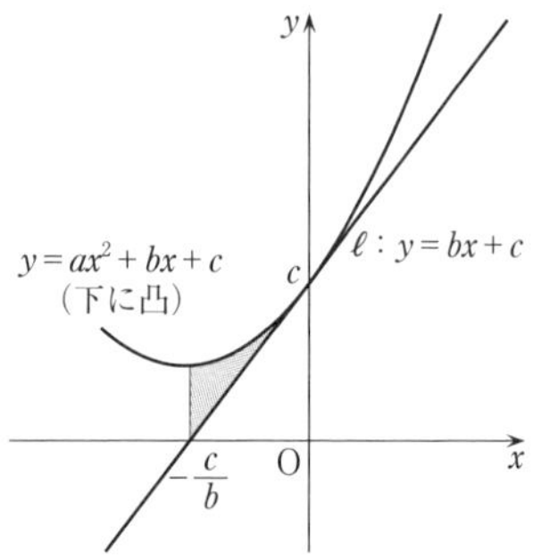

③において，$a=1$ とすると，$S=\dfrac{c^3}{3b^3}$ であり，S の値が一定となるように正の実数 b，c の値を変化させるとき，b と c の関係を表す式は

$$c^3=3Sb^3 \quad より \quad c=\sqrt[3]{3S}\,b$$

となり，$\sqrt[3]{3S}$ は正の定数であるから，このグラフは，原点を通り正の傾きをもつ直線の $b>0$，$c>0$ の部分である。

よって，問題のグラフの概形⓪～⑤のうち，最も適当なものは $\boxed{⓪}$ →ス である。

(2)　関数 $y=f(x)=ax^3+bx^2+cx+d$（a，b，c，d は0でない実数）のグラフと y 軸との交点における接線の方程式は，$y'=3ax^2+2bx+c$（$x=0$ のとき $y'=c$）より

$$y-d=c(x-0) \qquad \therefore\ y=\boxed{c}\,x+\boxed{d}$$ →セ，ソ

である。

次に，$f(x)=ax^3+bx^2+cx+d$，$g(x)=cx+d$ に対し，$f(x)-g(x)$ を考えると，a，b，c，d は0でない実数なので

$$f(x)-g(x)=ax^3+bx^2=ax^2\left(x+\frac{b}{a}\right)$$

と変形できる。

$y=f(x)$ のグラフと $y=g(x)$ のグラフの共有点の x 座標は，方程式 $f(x)=g(x)$ すなわち $f(x)-g(x)=0$ の実数解で与えられるから，$ax^2\left(x+\dfrac{b}{a}\right)=0$ を解いて

$$x=\frac{\boxed{-b}}{\boxed{a}}$$ →タチ，ツ

$$x=\boxed{0}$$ →テ

である。

$-\dfrac{b}{a}$ と0の間にあって，$|f(x)-g(x)|$ の値が最大となる x の値を求める。

$$y'=3ax^2+2bx=x(3ax+2b)=0$$

を解くと

$$x=0,\quad -\frac{2b}{3a}$$

これより，$y=f(x)-g(x)=ax^3+bx^2$ のグラフは，$x=0,\quad -\dfrac{2b}{3a}$ のとき極値をとる。

x が $-\dfrac{b}{a}$ と 0 の間を動くとき，$|f(x)-g(x)|>0$ であるから，適する値は

$$x=\frac{\boxed{-2b}}{\boxed{3a}}$$ →トナニ，ヌネ

である。

解説

(1)　ここでは接線の方程式がポイントとなる。

> **ポイント**　**接線の方程式**
> 関数 $y=f(x)$ のグラフ上の点 $(a,\ f(a))$ における接線の方程式は
> $$y-f(a)=f'(a)(x-a)$$

⓪～⑤の 2 次関数のグラフから正しいものを一つ選ぶ問題は，その次の一般的な問題を先に解く方が時間の節約になる。

関数 $y=f(x)$ のグラフと x 軸との交点の x 座標（x 切片という）は，方程式 $f(x)=0$ の実数解で与えられる。

面積 S の計算では，図を描くことが第一歩である。$a>0$ であるから，2 次関数のグラフは下に凸になる。定積分の計算は容易である。

A，B が実数ならば，$A^3=B^3 \Longleftrightarrow A=B$ である。これは，

$A^3-B^3=(A-B)(A^2+AB+B^2)=(A-B)\left\{\left(A+\dfrac{1}{2}B\right)^2+\dfrac{3}{4}B^2\right\}$ からわかる。

(2)　$y=f(x)=ax^3+bx^2+cx+d$ のグラフと y 軸との交点における接線の方程式が

$$y=cx+d$$

となることは，(1)の経験から求められるであろう。

$y=f(x)-g(x)=ax^3+bx^2$（$a\neq 0,\ b\neq 0$）のグラフは，式を微分して $3ax^2+2bx=0$ を解くと，$x=0,\quad -\dfrac{2b}{3a}$ となるので，このとき極値をもつことがわかる。ここから $|f(x)-g(x)|$ の値が最大となる x の値を求めることができる。

5-1

問題 5 — 2　　演習問題

オリジナル問題

(1)　$f(x)=x^3-3x$ とし，曲線 $C:y=f(x)$ 上の点 $(t,\ f(t))$ における C の接線を l_t とする。

直線 l_t の方程式は

$$y=\boxed{\text{ア}}$$

である。

ア の解答群

⓪　$(t^2-3)x-2t^3$	①　$(2t^2-3)x-2t^3$	②　$(3t^2-3)x-2t^3$
③　$(3t^2-1)x+2t^3$	④　$(3t^2-2)x+2t^3$	⑤　$(3t^2-3)x+2t^3$
⑥　$(3t^2-1)x-t^3$	⑦　$(3t^2-2)x-2t^3$	⑧　$(3t^2-3)x-3t^3$

(2)　t が1以上2以下の実数の範囲で変化するときの，直線 l_t の通過領域を網目部分で表したものは イ である。

イ については，最も適当なものを，次の⓪～⑤のうちから一つ選べ。

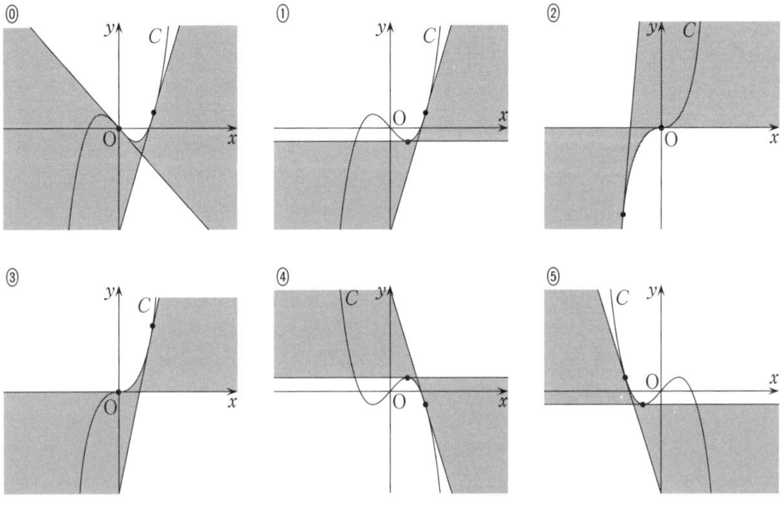

(3)　a, b を実数の定数とする。x についての3次方程式

$$2x^3-3ax^2+(3a+b)=0$$

が $x=\dfrac{3}{2}$ を解にもつような a, b において，点 $(a,\ b)$ の存在領域を ab 平面上に図示すると［ウ］のようになる。

［ウ］については，最も適当なものを，次の⓪～⑤のうちから一つ選べ。

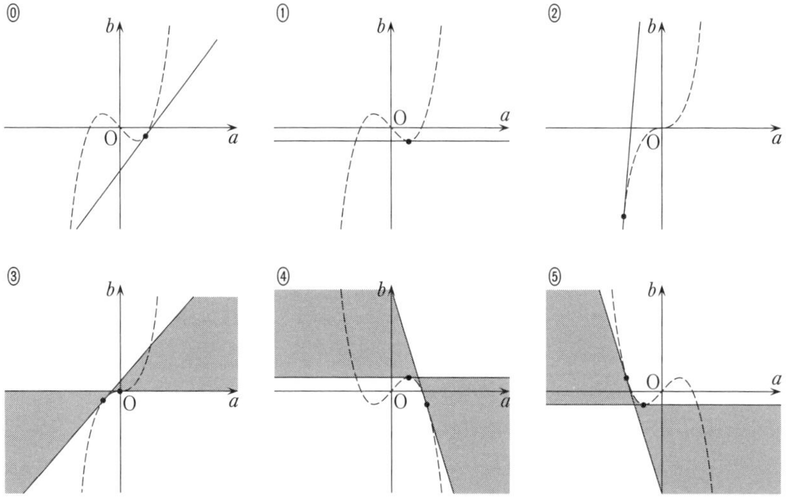

(4)　a, b を実数の定数とする。x についての3次方程式

$$2x^3-3ax^2+(3a+b)=0$$

の実数解が $1\leqq x\leqq 2$ の範囲に少なくとも1つ存在するような a, b において，点 $(a,\ b)$ の存在領域を ab 平面上に図示すると［エ］のようになる。

［エ］については，最も適当なものを，次の⓪～⑤のうちから一つ選べ。

⓪
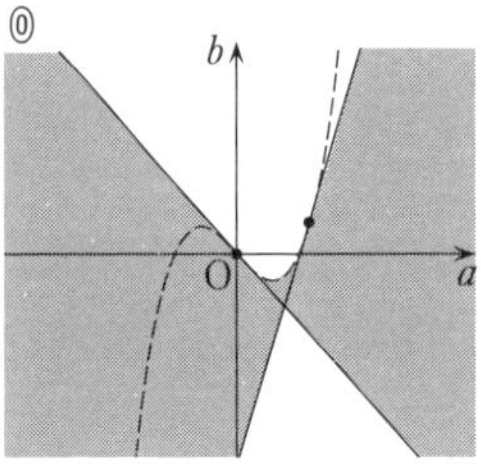

①
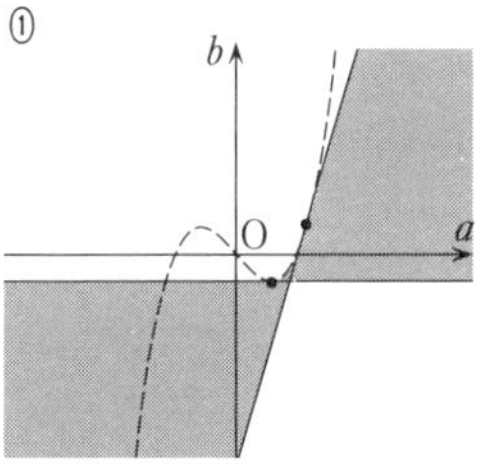

②
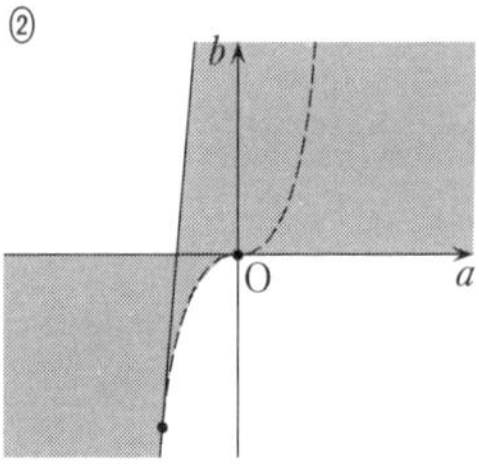

③
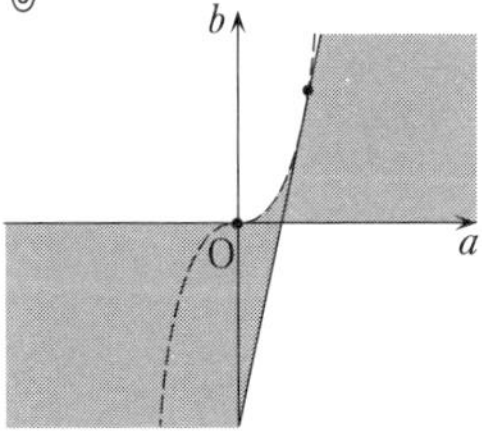

④
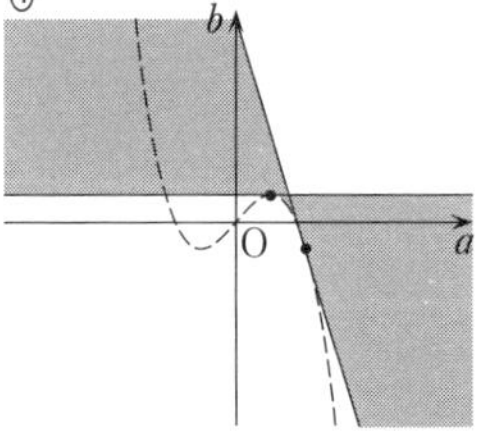

⑤
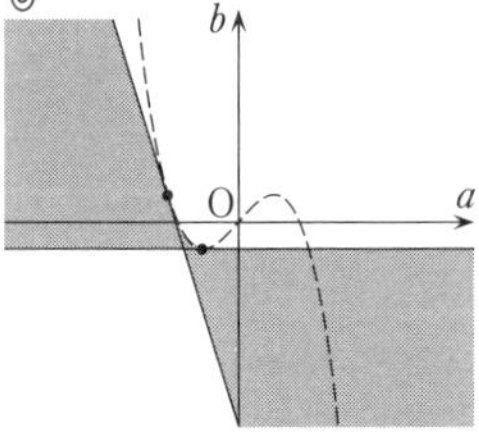

(5)　a，b を実数の定数とする。x についての3次方程式

$$2x^3-3ax^2+(3a+b)=0$$

の実数解が $1\leqq x\leqq 2$ の範囲にちょうど2つ存在するような a，b において，点 $(a,\ b)$ の存在領域を ab 平面上に図示すると［オ］のようになる。

［オ］については，最も適当なものを，次の⓪～⑤のうちから一つ選べ。

⓪
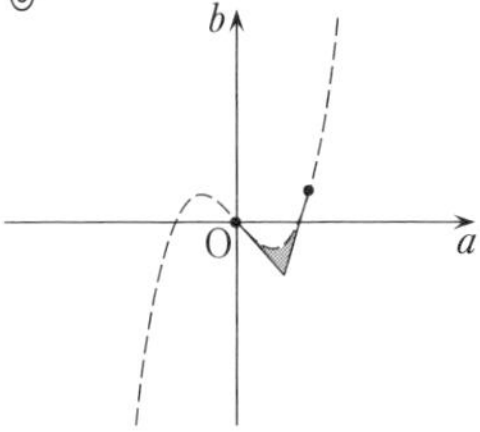

①
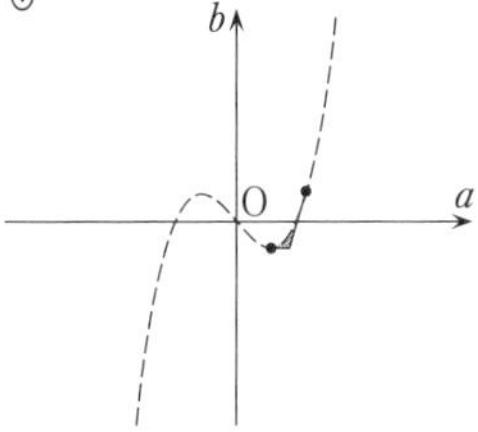

②
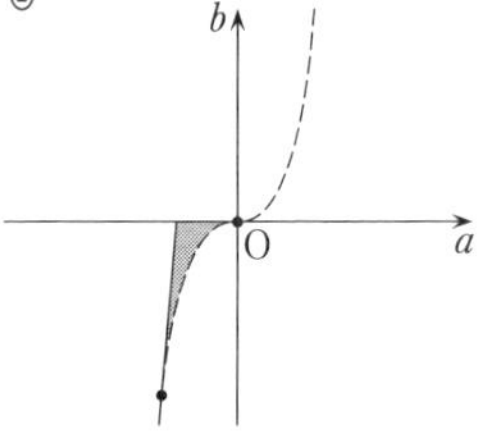

③
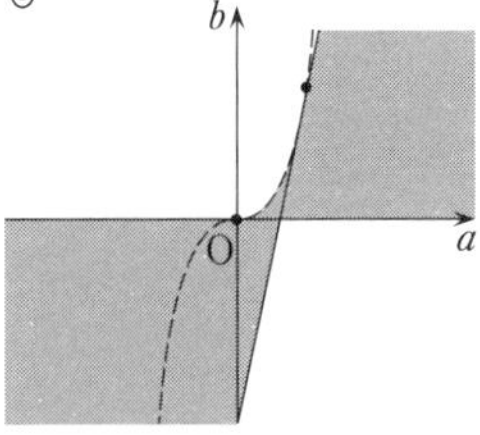

④
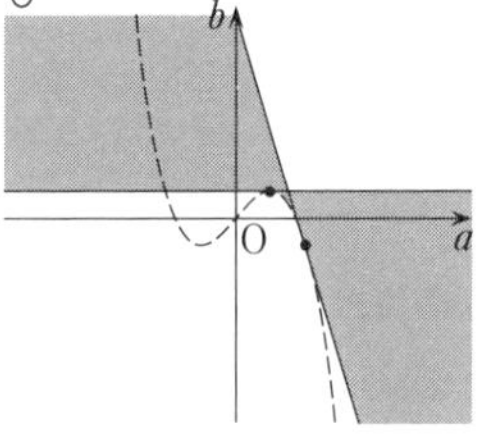

⑤
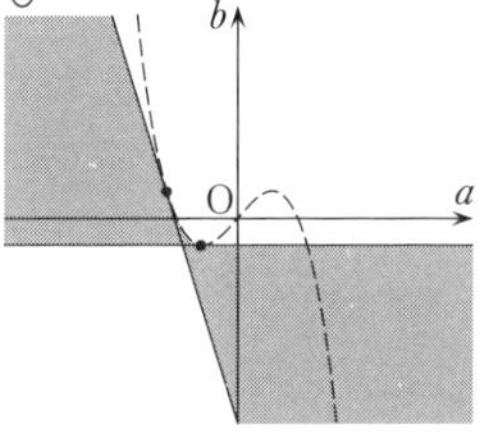

問題 5 ― 2　解答解説

解答記号	ア	イ	ウ	エ	オ
正　解	②	①	⓪	①	①
チェック					

《3 次方程式に関する解の配置問題》

(1)　$f(x)=x^3-3x$ より，$f'(x)=3x^2-3$ であるから，曲線 $C: y=f(x)$ 上の点 $(t, f(t))$ における C の接線 l_t の方程式は

$$l_t: y=f'(t)(x-t)+f(t)$$
$$=(3t^2-3)(x-t)+(t^3-3t)$$
$$=\boldsymbol{(3t^2-3)x-2t^3}$$　②　→ア

である。

(2)　$f'(x)=3(x^2-1)=3(x+1)(x-1)$ であるから，$f(x)$ の増減は次のようになる。

x	$\cdots$	-1	$\cdots$	1	$\cdots$
$f'(x)$	$+$	0	$-$	0	$+$
$f(x)$	↗	2	↘	-2	↗

t が 1 から 2 へ増加すると，l_t は C と接しながら，接点の x 座標が 1 から 2 へと増加する。したがって，これらの接線の通過領域は，次の網目部分（境界を含む）のようになる。　①　→イ

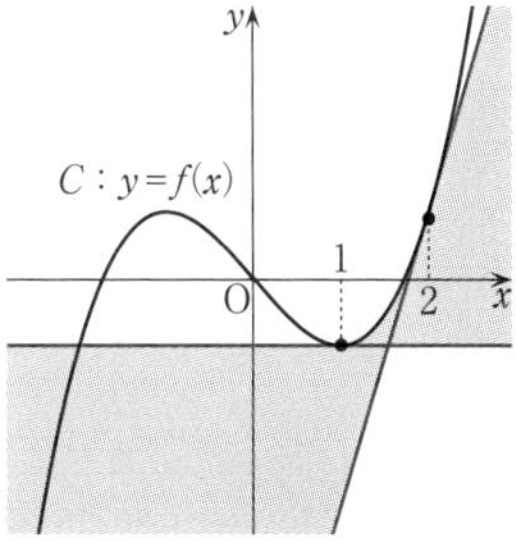

(3)　$$2x^3-3ax^2+(3a+b)=0 \quad つまり \quad b=(3x^2-3)a-2x^3$$

が $x=\dfrac{3}{2}$ を解にもつような点 (a, b) は，ab 平面上の直線

$$b=\left\{3\left(\frac{3}{2}\right)^2-3\right\}a-2\left(\frac{3}{2}\right)^3$$

上の点のみである。これは，ab 平面上で，関数 $b=f(a)$ のグラフ上の a 座標が $\frac{3}{2}$ である点における接線である。これを図示すると次のようになる。 ⓪ →ウ

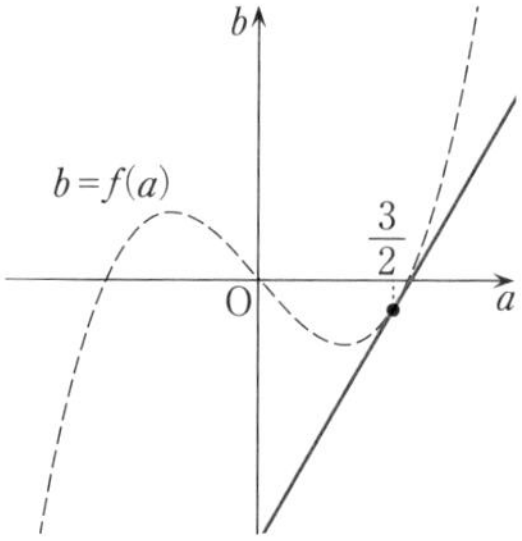

(4)　ab 平面上の曲線 $C: b=a^3-3a$ と直線 $l_x: b=(3x^2-3)a-2x^3$ を考えると，C と l_x は a 座標が x の点で接している。したがって，x についての3次方程式

$$2x^3-3ax^2+(3a+b)=0 \quad つまり \quad b=(3x^2-3)a-2x^3$$

の実数解が $1 \leqq x \leqq 2$ の範囲に少なくとも1つ存在するような a，b について，点 $(a,\ b)$ の存在領域は，x が1以上2以下の範囲を変化するときの直線 l_x の通過領域である。その通過領域を図示すると，(2)と同様に，次の網目部分（境界を含む）のようになる。 ① →エ

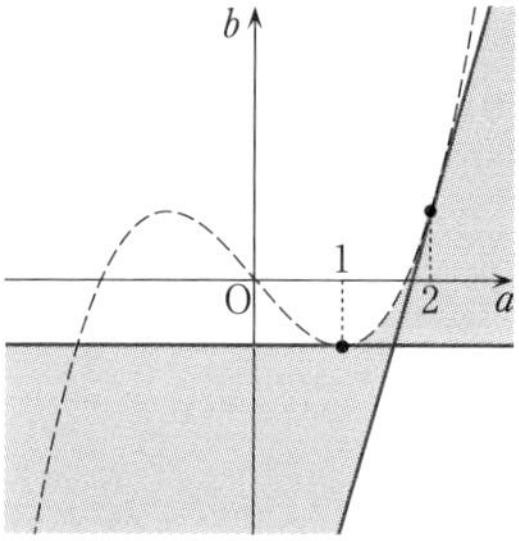

(5)　x についての3次方程式

$$2x^3-3ax^2+(3a+b)=0 \quad つまり \quad b=(3x^2-3)a-2x^3$$

の実数解が $1 \leqq x \leqq 2$ の範囲にちょうど2つ存在するような a，b について，点 $(a,\ b)$ の存在領域は，x が1以上2以下の範囲を変化するときの直線 l_x がちょうど2度通過する領域である（関数 $b=a^3-3a$ のグラフの $1 \leqq a \leqq 2$ の部分にちょうど2本の接線が引ける点 $(a,\ b)$ の存在領域ともいえる）。その領域を図示すると，次の網目部分（境界を含む）のようになる。 ① →オ

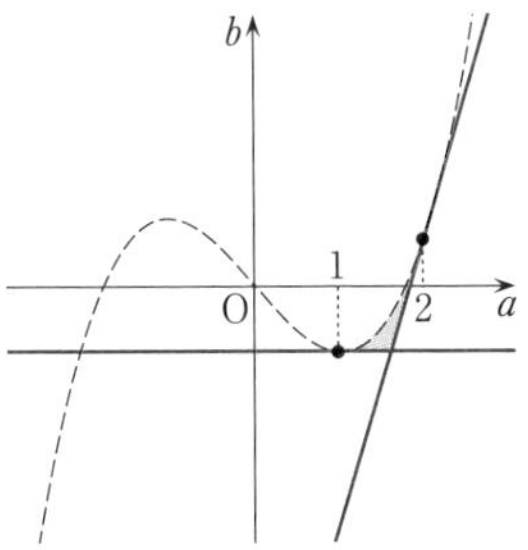

解説

本問は，３次関数のグラフの接線が通過する領域と３次方程式との関連を考える問題である。発想を逆転させる点が少し難しいかもしれないが，柔軟な思考で捉え方を逆転させることで，視野が広がるはずである。一度で理解できなかったとしても，諦めずに意味をしっかりと考えてマスターしてもらいたい。

(1)では，３次式 $f(x)$ について，曲線 $C: y=f(x)$ 上の点 $(t,\ f(t))$ における C の接線は

$$y=f'(t)(x-t)+f(t)$$

で与えられることを用いる。

(2)は，実数 t を $1 \leqq t \leqq 2$ の範囲で変化させたときの接線 l_t の通過領域を図示する問題であるが，t が接点の x 座標であることから，接点を滑らかに左から右へ移動させるイメージで考えれば，通過領域が正しく捉えられるはずである。曲線 C の概形に注意し，さらに $f(x)$ の極小値を与える x が $x=1$ であることに注意すると，正しい選択肢が①であると判断できる。

さて，(3)以降が本問のメインテーマである。(4)や(5)は３次方程式が指定された条件を満たすような係数に関する制約を考える問題であるが，その条件がある範囲における“解の存在”や“解の個数”として提示される。このような問題を「方程式の解の配置問題（分離問題，位置問題）」という。その準備として，基本的な考え方を確認するための問いが(3)である。

(3)は，ある値における“解の存在”についての問いである。つまり，ピンポイントで解が指定されているわけである。

解とはその方程式を満たす値であるから，$2x^3-3ax^2+(3a+b)=0$ が $x=\dfrac{3}{2}$ を解にもつための a，b の必要十分条件は

$$2\left(\frac{3}{2}\right)^3-3a\left(\frac{3}{2}\right)^2+(3a+b)=0$$

が成り立つことである。

これを満たす a，b の組を ab 平面上の点として集めたものを考えればよい。整理して，$b=(a$ の式$)$ としてその方程式が ab 平面上で表す図形を考えればよいわけで

あるが，整理する前の（代入しただけの）形のまま考えると，曲線 C との関係が見えてくる。すなわち，$2x^3-3ax^2+(3a+b)=0$ を，$b=(3x^2-3)a-2x^3$ と変形し，さらには，$b=(3x^2-3)(a-x)+(x^3-3x)$ つまり，$b=f'(x)(a-x)+f(x)$ の形で表すと

$$2x^3-3ax^2+(3a+b)=0 \quad \text{つまり} \quad b=f'(x)(a-x)+f(x)$$

が $x=\dfrac{3}{2}$ を解にもつための a，b の必要十分条件は

$$b=f'\left(\frac{3}{2}\right)\left(a-\frac{3}{2}\right)+f\left(\frac{3}{2}\right)$$

が成り立つことである。これは ab 平面上で，$b=f(a)$ のグラフ上の点 $\left(\dfrac{3}{2},\ f\left(\dfrac{3}{2}\right)\right)$ における接線を表している。

このピンポイントで解を指定した場合の考え方を応用すれば，解が幅をもった範囲内にある条件の場合にも対応できる。

(4)では，x の3次方程式 $b=f'(x)(a-x)+f(x)$ が $1\leqq x\leqq 2$ の範囲に少なくとも1つ解をもつような a，b の条件を考えるわけであるが，$1\leqq x\leqq 2$ の範囲にある x であれば何でもよいわけである。逆に $1\leqq x\leqq 2$ のすべての x に対して，その x を解とするような方程式を生み出す a，b を調べたい。

そのうちの1つ $\left(\text{ちょうど真ん中の値 } x=\dfrac{1+2}{2}=1.5\right)$ について，(3)で考えていたのである。(3)と同様のことを $x=1.2$ や $x=1.73$ や $x=1.99$ など1以上2以下のすべての x に対して考えると，(2)で考えたことに対応することが理解できよう。

さらに(5)では，x の3次方程式 $b=f'(x)(a-x)+f(x)$ が $1\leqq x\leqq 2$ の範囲にちょうど2つ解をもつような a，b の条件を考える。例えば，そのちょうど2個の実数解を $x=1.2$，1.7 とするような a，b はどんな a，b か？と考えてみよう。

$x=1.2$ を解とする a，b は ab 平面上の曲線 $b=a^3-3a$ 上の a 座標が 1.2 である点における接線上の点であり，$x=1.7$ を解とする a，b は ab 平面上の曲線 $b=a^3-3a$ 上の a 座標が 1.7 である点における接線上の点であるから，$x=1.2$ と $x=1.7$ を解とする $(a,\ b)$ はその2接線の交点の座標である。

いま，$x=1.2$，1.7 で行った考察を1以上2以下の異なる2つのすべてのペアに対して実行して得られる ab 平面上の点の集合を答えればよいわけである。本問は，計算主体で3次方程式を解く問題ではなく，文字の意味を，ときには変数であったり，ときには定数であったりと，その役割を変幻自在に操る理論主体の問題である。

本問では3次方程式が題材となっていたが，同様のことは2次方程式と放物線の接線でも考えられるので，きちんと理解し，2次方程式の解の配置問題の解法の幅を広げよう。

問題　5 — 3　演習問題

オリジナル問題

昨日，花子さんはカフェで宿題を解いていたときに，飲んでいたコーヒーをうっかりノートにこぼしてしまった。翌日，花子さんはとなりの高校に通う太郎さんとそのノートの問題を見ながら話をしている。会話を読んで，下の問いに答えよ。

問題1　2次関数 $f(x)=3x^2+$ [illegible] と1次関数 $g(x)=$ [illegible] について，xy 平面上に放物線 $C: y=f(x)$ と直線 $l: y=g(x)$ がある。

(1)　C と l で囲まれた部分の面積 S_1 を求めよ。

(2)　C と l，さらに2直線 $x=2$，$x=3$ で囲まれた部分の面積 S_2 を求めよ。

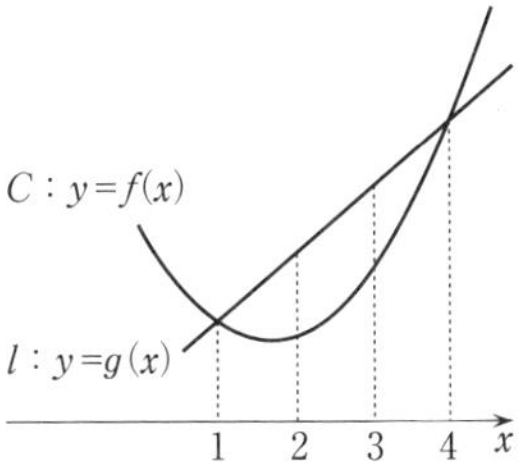

太郎：コーヒーをこぼしてしまったところには，$f(x)$，$g(x)$ の情報が書かれていたけど，$f(x)$ については，x^2 の係数が3であることはわかり，1次以下の部分についてはわからないというわけだね。
C と l が2点で交わっているのと，その2交点の x 座標が1，4とわかっているのはどうして？

花子：それは昨日コーヒーをこぼす前にグラフを描き，交点を計算で求めて，図に描き込んでおいたんだよ。そのときのメモは捨ててしまったから，$f(x)$ の1次以下の部分と $g(x)$ の部分はやっぱりわからないんだ。これだと，宿題ができないよ。

太郎：そんなことはないよ。これで宿題の問題は解けるよ。

花子：本当？　$f(x)$ や $g(x)$ の式がわかるの？

太郎：いや，$f(x)$ と $g(x)$ はわからないままなんだけど，S_1 や S_2 を計算することはできるよ。

花子：$f(x)$ や $g(x)$ の式がわからないのに，どうやって面積の計算をするの？
太郎：$g(x)-f(x)$ がわかるからね。$g(x)-f(x)$ を因数分解した形で考えてみればいいよ。

(1) $f(\boxed{ア})=g(\boxed{ア})$，$f(\boxed{イ})=g(\boxed{イ})$ であるから

$$g(x)-f(x)=\boxed{ウ}(x-\boxed{ア})(x-\boxed{イ})$$

と因数分解できる。

$$S_1=\int_1^4\{g(x)-f(x)\}dx,\ S_2=\int_2^3\{g(x)-f(x)\}dx$$

だから，これらの定積分の計算をすればよい。

S_1 については，定積分の公式

$$\int_\alpha^\beta (x-\alpha)(x-\beta)\,dx=-\frac{1}{6}(\beta-\alpha)^3 \quad \cdots\cdots(*)$$

を用いて

$$S_1=\frac{\boxed{エオ}}{\boxed{カ}}$$

と求められる。

一方，S_2 では公式(＊)を適用することはできないので，原始関数を求めて代入計算をすると

$$S_2=\frac{\boxed{キク}}{\boxed{ケ}}$$

と求められる。

$\boxed{ア}$～$\boxed{ウ}$ の解答群（$\boxed{ア}<\boxed{イ}$ とする。）

⓪ −5	① −4	② −3	③ −2	④ −1
⑤ 1	⑥ 2	⑦ 3	⑧ 4	⑨ 5

問題2　$f(x)=x^3+2x^2+px+q$（p, q は実数）とする。

$y=f(x)$ のグラフを C_1 とし，正の定数 a に対して，$y=f(x-a)$ のグラフを C_2 とする。

x 座標が 1，4 である 2 点で C_1 と C_2 とが交わるとき，C_1，C_2 および 2 直線 $x=2$，$x=3$ とで囲まれた部分の面積 T を求めよ。

花子：先ほどと同じように，**問題2** も解けるような気がするよ。囲んでいる上側の式と下側の式のそれぞれに注目するのではなく，上の式から下の式を引いた式がどんな式なのかを因数分解した形で考えて，面積の立式をしてみよう。

(2)　$f(x)-f(x-a)$ を因数分解すると

$$f(x)-f(x-a)=\boxed{\text{コサ}}(x-\boxed{\text{シ}})(x-\boxed{\text{ス}})$$

となる（ただし，$\boxed{\text{シ}}<\boxed{\text{ス}}$ とする）。

C_2 は C_1 を x 軸方向に a（>0）だけ平行移動させたものであることを踏まえると，T は

$$T=\int_2^3\{\boxed{\text{セ}}\}dx$$

計算すると

$$T=\frac{\boxed{\text{ソタ}}}{\boxed{\text{チ}}}a$$

となる。

$\boxed{\text{セ}}$ の解答群

⓪ $f(x)-f(x-a)$	① $f(x-a)-f(x)$

5-3

> **問題3**　3次関数 $f(x)=2x^3-3x^2-6x+2$ の極値の差を求めよ。

花子：問題3は，微分法を用いて極値を調べてみたんだけど，計算が煩雑になって途中でやめちゃったんだ。

$$f'(x)=6x^2-6x-6=6(x^2-x-1)$$

となるので，$f'(x)=0$ となる x は $\dfrac{1\pm\sqrt{5}}{2}$ だから，3次関数 $f(x)$ の増減表を書くと，次のようになるよ。

x	$\cdots$	$\frac{1-\sqrt{5}}{2}$	$\cdots$	$\frac{1+\sqrt{5}}{2}$	$\cdots$
$f'(x)$	$+$	0	$-$	0	$+$
$f(x)$	↗	極大	↘	極小	↗

太郎：$\alpha=\dfrac{1-\sqrt{5}}{2}$，$\beta=\dfrac{1+\sqrt{5}}{2}$ とおくと，極大値は $f(\alpha)$ で，極小値は $f(\beta)$ だね。

確かに，$f(x)$ の式に直接代入して計算することはできなくはないけど，展開とかが面倒に感じるな。

こういう場合は，極大値，極小値をそれぞれ求めなくても，極値の差は多項式 $f(x)$ を $f'(x)$ で割り算することで工夫して求めることができるよ。

この問題は，$\dfrac{1}{6}f'(x)$ つまり x^2-x-1 で割っても同じ工夫になるね。

花子：多項式の割り算をすればよいんだね。計算してみよう。

(3)　$f(x)$ を $\dfrac{1}{6}f'(x)$ すなわち x^2-x-1 で割ると，商が［ツ］で余りが［テ］となるので

$$f(x)=\frac{1}{6}f'(x)(\boxed{\text{ツ}})+(\boxed{\text{テ}})$$

と表せる。

$$f'(\alpha)=f'(\beta)=\boxed{\text{ト}}$$

であることに着目して，極値の差 $f(\alpha)-f(\beta)$ を考えると

$$f(\alpha)-f(\beta)=\Big[f(x)\Big]_\beta^\alpha=\int_\beta^\alpha f'(x)\,dx$$

と書くことができる。

$f'(x)$ を因数分解した形で考えて，定積分の公式(＊)を使って計算すると，極値の差 $f(\alpha)-f(\beta)$ は，$\boxed{ナ}\sqrt{\boxed{ニ}}$ と求まる。

ところで，$y=f(x)$ 上の点 $\mathrm{A}(\alpha,\ f(\alpha))$ を“極大点”といい，$\mathrm{B}(\beta,\ f(\beta))$ を“極小点”ということにすると，割り算をした結果から，“極大点”と“極小点”を通る直線 AB の式が $y=\boxed{ヌ}$ とわかる。

さらに，曲線 $y=f(x)$ と直線 AB との交点のうち，A，B 以外の点の x 座標は $\dfrac{\boxed{ネ}}{\boxed{ノ}}$ である。

$\boxed{ツ}$，$\boxed{テ}$，$\boxed{ヌ}$ の解答群（同じものを繰り返し選んでもよい。）

⓪	$-x+1$	①	$x-1$	②	$2x-1$	③	$-2x-1$	④	$3x+1$
⑤	$-3x-1$	⑥	$4x+1$	⑦	$-4x-1$	⑧	$5x-1$	⑨	$-5x+1$

(4)　$f(x)=-x^4+4x^3+2x^2-4x-3$ とすると，4 次関数 $y=f(x)$ は 3 つの極値をもつ。その極値をとる x の値に対応する $y=f(x)$ のグラフ上の点を“極値点”ということにするとき，3 つの“極値点”を 2 次関数 $y=g(x)$ のグラフが通るような $g(x)$ は

$$g(x)=\boxed{ハ}x^2-\boxed{ヒ}x-\boxed{フ}$$

である。

さらに，曲線 $y=f(x)$ と曲線 $y=g(x)$ の交点のうち，3 つの“極値点”以外の点の x 座標は $\boxed{ヘ}$ である。

問題 5 — 3 解答解説

解答記号	ア	イ	ウ	$\frac{エオ}{カ}$	$\frac{キク}{ケ}$	コサ$(x-シ)(x-ス)$	セ	$\frac{ソタ}{チ}$	ツ	テ	ト
正　解	⑤	⑧	②	$\frac{27}{2}$	$\frac{13}{2}$	$3a(x-1)(x-4)$	①	$\frac{13}{2}$	②	⑨	0
チェック											

解答記号	ナ$\sqrt{ニ}$	ヌ	$\frac{ネ}{ノ}$	ハx^2-ヒ$x-$フ	ヘ
正　解	$5\sqrt{5}$	⑨	$\frac{1}{2}$	$4x^2-2x-4$	1
チェック					

《多項式の積分，すべての“極値点”を通る図形の方程式》 会話設定

(1) $y=f(x)$ のグラフと $y=g(x)$ のグラフの交点の x 座標が $x=1$，4であることから，$f(1)=g(1)$ ⑤ →ア，$f(4)=g(4)$ ⑧ →イ であり，$g(x)-f(x)$ の x^2 の係数が $0-3=-3$ であることから

$$g(x)-f(x)=-3(x-1)(x-4) \quad \boxed{②} \quad →ウ$$

と因数分解できる。

$$S_1=\int_1^4\{g(x)-f(x)\}dx=\int_1^4\{-3(x-1)(x-4)\}dx$$

$$=-3\int_1^4(x-1)(x-4)\,dx=-3\left(-\frac{1}{6}\right)(4-1)^3=\frac{\boxed{27}}{\boxed{2}} \quad →エオ，カ$$

である。また

$$S_2=\int_2^3\{g(x)-f(x)\}dx=\int_2^3\{-3(x-1)(x-4)\}dx$$

$$=\int_2^3(-3x^2+15x-12)\,dx=\left[-x^3+\frac{15}{2}x^2-12x\right]_2^3$$

$$=-(3^3-2^3)+\frac{15}{2}(3^2-2^2)-12(3-2)$$

$$=-19+\frac{75}{2}-12=\frac{\boxed{13}}{\boxed{2}} \quad →キク，ケ$$

である。

(2)

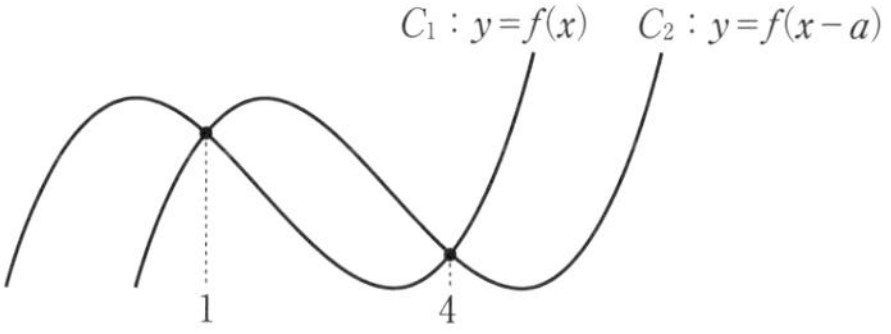

$$f(x)-f(x-a)=\{x^3-(x-a)^3\}+2\{x^2-(x-a)^2\}+p\{x-(x-a)\}$$
$$=3ax^2+(x\text{の1次以下の整式})$$

であることと，C_1 と C_2 との交点の x 座標が1，4であることから

$$f(x)-f(x-a)=\boxed{3a}(x-\boxed{1})(x-\boxed{4})$$ →コサ，シ，ス

と因数分解できる。

$2 \leqq x \leqq 3$ で，つねに $f(x) \leqq f(x-a)$ であるから

$$T=\int_2^3 \{\boldsymbol{f(x-a)-f(x)}\}dx \quad \boxed{①}$$ →セ

$$=\int_2^3 \{-3a(x-1)(x-4)\}dx=a\int_2^3 \{-3(x-1)(x-4)\}dx$$

$$=a\cdot\frac{13}{2}$$ ((1)の S_2 の結果を用いた)

$$=\frac{\boxed{13}}{\boxed{2}}a$$ →ソタ，チ

となる。

(3) $f(x)$ を $\frac{1}{6}f'(x)=x^2-x-1$ で割ると，右のようになり，商が $\boldsymbol{2x-1}$ $\boxed{②}$ →ツ，余りが $\boldsymbol{-5x+1}$ $\boxed{⑨}$ →テ である。

$$\begin{array}{r} 2x\quad -1 \\ x^2-x-1\,\overline{)\,2x^3-3x^2-6x+2} \\ \underline{2x^3-2x^2-2x} \\ -x^2-4x+2 \\ \underline{-x^2\quad +x+1} \\ -5x+1 \end{array}$$

これより，x についての恒等式

$$f(x)=\frac{1}{6}f'(x)(2x-1)+(-5x+1)$$

を得る。

これに $x=\alpha$，β を代入して

$$f'(\alpha)=f'(\beta)=\boxed{0}$$ →ト

に注意すると

$$\text{極大値}f(\alpha)=-5\alpha+1=-5\cdot\frac{1-\sqrt{5}}{2}+1=\frac{-3+5\sqrt{5}}{2}$$

$$\text{極小値}f(\beta)=-5\beta+1=-5\cdot\frac{1+\sqrt{5}}{2}+1=\frac{-3-5\sqrt{5}}{2}$$

と計算できる。

極値の差は

$$f(\alpha)-f(\beta)=\Big[f(x)\Big]_{\beta}^{\alpha}=\int_{\beta}^{\alpha}f'(x)\,dx=\int_{\beta}^{\alpha}6(x-\alpha)(x-\beta)\,dx$$

$$=6\left(-\frac{1}{6}\right)(\alpha-\beta)^{3}\quad \text{（公式（＊）を用いた）}$$

$$=(\beta-\alpha)^{3}=\left(\frac{1+\sqrt{5}}{2}-\frac{1-\sqrt{5}}{2}\right)^{3}=(\sqrt{5})^{3}$$

$$=\boxed{5}\sqrt{\boxed{5}}$$ →ナ，ニ

と求まる。

ところで，$y=-5x+1$（余り）で表される図形を考えると，これは x と y の1次式で表されるので，xy 平面上の直線を表している。

上の計算 $f(\alpha)=-5\alpha+1$ より，この直線は，“極大点” $\mathrm{A}(\alpha,\ f(\alpha))$ を通っていることがわかる。

同様に，$f(\beta)=-5\beta+1$ より，この直線は，“極小点” $\mathrm{B}(\beta,\ f(\beta))$ を通っていることがわかる。

つまり，これが“極大点”と“極小点”を通る直線 AB の式である。

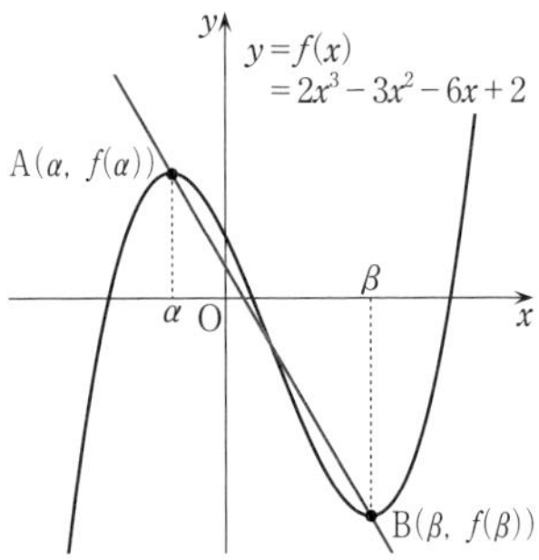

よって，直線 AB の式は

$$y=-5x+1 \quad \boxed{⑨}$$ →ヌ

である。

さらに，曲線 $y=f(x)$ と直線 AB との交点について

$$f(x)=-5x+1 \quad \text{つまり} \quad \frac{1}{6}f'(x)(2x-1)=0$$

より

$$f'(x)=0 \quad \text{または} \quad 2x-1=0$$

これより，曲線 $y=f(x)$ と直線 AB との交点のうち，A，B 以外の点の x 座標は

$$\frac{\boxed{1}}{\boxed{2}}$$ →ネ，ノ である。

（注） 結局，$f(x)$ を $f'(x)$ で割ったときの余りが直線 AB の式を与え，1次方程式「（商）$=0$」から曲線 $y=f(x)$ と直線 AB との交点のうち，A，B 以外の点の x 座標が得られる。

(4)　$f(x)=-x^4+4x^3+2x^2-4x-3$ より

$$f'(x)=-4x^3+12x^2+4x-4=4(-x^3+3x^2+x-1)$$

である。$f(x)$ を $\dfrac{1}{4}f'(x)=-x^3+3x^2+x-1$ で割ると，下のようになる。

$$\begin{array}{rl}
 & \phantom{-x^4+4x^3+{}}x\quad -1 \\
-x^3+3x^2+x-1 & \overline{)\,-x^4+4x^3+2x^2-4x-3} \\
 & \underline{-x^4+3x^3\ \ +x^2\ \ -x} \\
 & \phantom{-x^4+{}}x^3\ \ +x^2-3x-3 \\
 & \phantom{-x^4+{}}\underline{x^3-3x^2\ \ -x+1} \\
 & \phantom{-x^4+x^3-{}}4x^2-2x-4
\end{array}$$

よって，商が $x-1$，余りが $4x^2-2x-4$ であるから，x についての恒等式

$$f(x)=\frac{1}{4}f'(x)(x-1)+(4x^2-2x-4)$$

を得る。

極値をとる x の値を小さい順に α，β，γ とする。$f'(\alpha)=f'(\beta)=f'(\gamma)=0$ に注意すると，極値は

$$f(\alpha)=\frac{1}{4}f'(\alpha)(\alpha-1)+(4\alpha^2-2\alpha-4)=4\alpha^2-2\alpha-4$$

$$f(\beta)=\frac{1}{4}f'(\beta)(\beta-1)+(4\beta^2-2\beta-4)=4\beta^2-2\beta-4$$

$$f(\gamma)=\frac{1}{4}f'(\gamma)(\gamma-1)+(4\gamma^2-2\gamma-4)=4\gamma^2-2\gamma-4$$

2次関数 $y=4x^2-2x-4$（余り）を考えると，このグラフ（放物線）が3つの“極値点” $\mathrm{A}(\alpha,\ f(\alpha))$，$\mathrm{B}(\beta,\ f(\beta))$，$\mathrm{C}(\gamma,\ f(\gamma))$ を通っていることを，これらの等式は示している。つまり，これが求める $g(x)$ の式である。よって

$$g(x)=\boxed{4}\,x^2-\boxed{2}\,x-\boxed{4}$$　→ハ，ヒ，フ

である。

曲線 $y=f(x)$ と曲線 $y=g(x)$ との交点について

$$f(x)=g(x)\quad \text{つまり}\quad \frac{1}{4}f'(x)(x-1)=0$$

より

$$f'(x)=0\quad \text{または}\quad x-1=0$$

これより，曲線 $y=f(x)$ と曲線 $y=g(x)$ の交点のうち，3つの“極値点”以外の点の x 座標は $\boxed{1}$ →ヘ である。

(注)　結局，$f(x)$ を $f'(x)$ で割ったときの余りが3つの“極値点”を通る放物線の式を与え，1次方程式「(商)$=0$」から曲線 $y=f(x)$ と曲線 $y=g(x)$ の交点のうち，3つの“極値点”以外の点の x 座標が得られる。

解説

公式(＊)について解説する。この公式は，２つの放物線で囲まれた部分の面積や放物線と直線とで囲まれた部分の面積を計算する際や，３次関数の極値の差を計算する際に用いることができる。この公式(＊)を用いると，被積分関数を展開せずに積分結果を知ることができる。ここで，(＊)の２通りの証明を掲載しておく（「数学Ⅲ」で学習する部分積分法によって示すこともできる）。

証明その１　$\int (x+\bigstar)^n dx = \frac{1}{n+1}(x+\bigstar)^{n+1} + C$（$n$ は自然数）を利用する。

$$\begin{aligned}\int_\alpha^\beta (x-\alpha)\underline{(x-\beta)}\,dx &= \int_\alpha^\beta (x-\alpha)\underline{\{(x-\alpha)-(\beta-\alpha)\}}\,dx \\ &= \int_\alpha^\beta (x-\alpha)^2 dx - (\beta-\alpha)\int_\alpha^\beta (x-\alpha)\,dx \\ &= \left[\frac{1}{3}(x-\alpha)^3\right]_\alpha^\beta - (\beta-\alpha)\left[\frac{1}{2}(x-\alpha)^2\right]_\alpha^\beta \\ &= \frac{1}{3}(\beta-\alpha)^3 - (\beta-\alpha)\cdot\frac{1}{2}(\beta-\alpha)^2 \\ &= \boldsymbol{-\frac{1}{6}(\beta-\alpha)^3}\end{aligned}$$

証明その２　被積分関数を展開し，積分計算を行い，$\beta-\alpha$ をくくりだすことを意識して変形する。

$$\begin{aligned}\int_\alpha^\beta (x-\alpha)(x-\beta)\,dx &= \int_\alpha^\beta \{x^2-(\alpha+\beta)x+\alpha\beta\}\,dx \\ &= \left[\frac{1}{3}x^3 - \frac{1}{2}(\beta+\alpha)x^2 + \alpha\beta x\right]_\alpha^\beta \\ &= \frac{1}{3}(\beta^3-\alpha^3) - \frac{1}{2}(\beta+\alpha)(\beta^2-\alpha^2) + \alpha\beta(\beta-\alpha) \\ &= -\frac{1}{6}(\beta-\alpha)\{-2(\beta^2+\beta\alpha+\alpha^2)+3(\beta+\alpha)^2-6\alpha\beta\} \\ &= -\frac{1}{6}(\beta-\alpha)(\beta^2+\alpha^2-2\beta\alpha) \\ &= \boldsymbol{-\frac{1}{6}(\beta-\alpha)^3}\end{aligned}$$

第6章

数　列

第6章 数 列　傾向分析

従来の『数学Ⅱ・数学B』では，選択問題として20点分が出題されていました。新課程の『数学Ⅱ，数学B，数学C』の試作問題では，2021年度の第1日程の第4問を一部改題して16点分にしたものが出題されました。

等差数列と等比数列，**階差数列**，**いろいろな数列とその和**，**漸化式**など，新課程でも扱われる項目に変更はありません。共通テストでは，薬の有効成分の血中濃度，畳の敷き方，歩行者と自転車の時刻と位置の関係，複利計算といった**実用的な設定**がよく出題されています。与えられた設定を数列として扱い，問題を解決する力が問われています。

共通テストでの出題項目

試　験	大　問	出題項目	配　点
新課程 試作問題	第4問 （演習問題6－1）	等差数列，等比数列，漸化式	16点
2023本試験	第4問	複利，漸化式，数列の和 （実用設定）	20点
2023追試験	第4問	等差数列，等比数列	20点
2022本試験	第4問	連立漸化式 会話設定 （実用設定）	20点
2022追試験	第4問	漸化式，階差数列，数列の和 考察・証明	20点
2021本試験 （第1日程）	第4問	等差数列，等比数列，漸化式	20点
2021本試験 （第2日程）	第4問〔1〕 第4問〔2〕	数列の和と一般項の関係，等比数列の和 畳の敷き詰め方の総数 （実用設定）	6点 14点

学習指導要領における内容

ア．次のような知識及び技能を身に付けること。
（ア） 等差数列と等比数列について理解し，それらの一般項や和を求めること。
（イ） いろいろな数列の一般項や和を求める方法について理解すること。
（ウ） 漸化式について理解し，事象の変化を漸化式で表したり，簡単な漸化式で表された数列の一般項を求めたりすること。
（エ） 数学的帰納法について理解すること。

イ．次のような思考力，判断力，表現力等を身に付けること。
（ア） 事象から離散的な変化を見いだし，それらの変化の規則性を数学的に表現し考察すること。
（イ） 事象の再帰的な関係に着目し，日常の事象や社会の事象などを数学的に捉え，数列の考えを問題解決に活用すること。
（ウ） 自然数の性質などを見いだし，それらを数学的帰納法を用いて証明するとともに，他の証明方法と比較し多面的に考察すること。

問題 6－1 演習問題

試作問題 第4問

初項3，公差pの等差数列を$\{a_n\}$とし，初項3，公比rの等比数列を$\{b_n\}$とする。ただし，$p \fallingdotseq 0$かつ$r \fallingdotseq 0$とする。さらに，これらの数列が次を満たすとする。

$$a_n b_{n+1} - 2a_{n+1}b_n + 3b_{n+1} = 0 \quad (n = 1,\ 2,\ 3,\ \cdots) \qquad \cdots\cdots ①$$

(1) pとrの値を求めよう。自然数nについて，a_n，a_{n+1}，b_nはそれぞれ

$$a_n = \boxed{\text{ア}} + (n-1)p \qquad \cdots\cdots\cdots\cdots ②$$

$$a_{n+1} = \boxed{\text{ア}} + np \qquad \cdots\cdots\cdots\cdots ③$$

$$b_n = \boxed{\text{イ}}\, r^{n-1}$$

と表される。$r \fallingdotseq 0$により，すべての自然数nについて，$b_n \fallingdotseq 0$となる。

$\dfrac{b_{n+1}}{b_n} = r$であることから，①の両辺をb_nで割ることにより

$$\boxed{\text{ウ}}\ a_{n+1} = r\left(a_n + \boxed{\text{エ}}\right) \qquad \cdots\cdots\cdots\cdots ④$$

が成り立つことがわかる。④に②と③を代入すると

$$\left(r - \boxed{\text{オ}}\right)pn = r\left(p - \boxed{\text{カ}}\right) + \boxed{\text{キ}} \qquad \cdots\cdots\cdots\cdots ⑤$$

となる。⑤がすべてのnで成り立つことおよび$p \fallingdotseq 0$により，$r = \boxed{\text{オ}}$を得る。さらに，このことから，$p = \boxed{\text{ク}}$を得る。

以上から，すべての自然数nについて，a_nとb_nが正であることもわかる。

⑵　数列$\{a_n\}$に対して，初項3の数列$\{c_n\}$が次を満たすとする。

$$a_n c_{n+1} - 4a_{n+1}c_n + 3c_{n+1} = 0 \ (n = 1,\ 2,\ 3,\ \cdots) \qquad \cdots\cdots\cdots ⑥$$

a_nが正であることから，⑥を変形して，$c_{n+1} = \dfrac{\boxed{ケ}\ a_{n+1}}{a_n + \boxed{コ}} c_n$ を得る。

さらに，$p =$ ク であることから，数列$\{c_n\}$は サ ことがわかる。

サ の解答群

⓪　すべての項が同じ値をとる数列である
①　公差が0でない等差数列である
②　公比が1より大きい等比数列である
③　公比が1より小さい等比数列である
④　等差数列でも等比数列でもない

⑶　q，uは定数で，$q \fallingdotseq 0$とする。数列$\{b_n\}$に対して，初項3の数列$\{d_n\}$が次を満たすとする。

$$d_n b_{n+1} - q d_{n+1} b_n + u b_{n+1} = 0 \ (n = 1,\ 2,\ 3,\ \cdots) \qquad \cdots\cdots\cdots ⑦$$

$r =$ オ であることから，⑦を変形して，$d_{n+1} = \dfrac{\boxed{シ}}{q}(d_n + u)$ を得る。したがって，数列$\{d_n\}$が，公比が0より大きく1より小さい等比数列となるための必要十分条件は，$q >$ ス かつ $u =$ セ である。

問題　6 — 1　解答解説

解答記号	ア$+(n-1)p$	イr^{n-1}	ウ$a_{n+1}=r(a_n+$エ$)$	オ	カ	キ	ク	$\dfrac{ケa_{n+1}}{a_n+コ}c_n$	サ
正　解	$3+(n-1)p$	$3r^{n-1}$	$2a_{n+1}=r(a_n+3)$	2	6	6	3	$\dfrac{4a_{n+1}}{a_n+3}c_n$	②
チェック									

解答記号	$\dfrac{シ}{q}(d_n+u)$	$q>$ス	$u=$セ
正　解	$\dfrac{2}{q}(d_n+u)$	$q>2$	$u=0$
チェック			

《等差数列，等比数列，漸化式》

$$a_nb_{n+1}-2a_{n+1}b_n+3b_{n+1}=0 \quad (n=1,\ 2,\ 3,\ \cdots) \quad \cdots\cdots①$$

(1)　数列 $\{a_n\}$ は，初項3，公差 p（$\neq 0$）の等差数列であるから

$$a_n=\boxed{3}+(n-1)p \quad \cdots\cdots② \quad \to ア$$

$$a_{n+1}=3+np \quad \cdots\cdots③$$

数列 $\{b_n\}$ は，初項3，公比 r（$\neq 0$）の等比数列であるから

$$b_n=\boxed{3}r^{n-1} \quad \to イ$$

と表される。$r\neq 0$ により，すべての自然数 n について，$b_n\neq 0$ となる。①の両辺を b_n で割ることにより

$$\frac{a_nb_{n+1}}{b_n}-2a_{n+1}+\frac{3b_{n+1}}{b_n}=0$$

$\dfrac{b_{n+1}}{b_n}=r$ であるから　　$ra_n-2a_{n+1}+3r=0$

これより

$$\boxed{2}a_{n+1}=r(a_n+\boxed{3}) \quad \cdots\cdots④ \quad \to ウ，エ$$

が成り立つことがわかる。④に②と③を代入すると

$$2(3+np)=r\{3+(n-1)p+3\}$$

$$6+2pn=6r+rpn-rp$$

$$\therefore \quad (r-\boxed{2})pn=r(p-\boxed{6})+\boxed{6} \quad \cdots\cdots⑤ \quad \to オ，カ，キ$$

⑤がすべての n で成り立つことおよび $p\neq 0$ により，$r-2=0$ すなわち $r=2$ を得る。したがって

$$0=2(p-6)+6$$

$$\therefore\ p=\boxed{3}\quad \to ク$$

以上から，すべての自然数 n について，a_n と b_n が正であることもわかる。

(2)　$$a_nc_{n+1}-4a_{n+1}c_n+3c_{n+1}=0\quad (n=1,\ 2,\ 3,\ \cdots)\quad \cdots\cdots⑥$$

⑥を変形して

$$(a_n+3)c_{n+1}=4a_{n+1}c_n$$

a_n が正であることから，$a_n+3\neq 0$ なので

$$c_{n+1}=\frac{\boxed{4}\,a_{n+1}}{a_n+\boxed{3}}c_n\quad \to ケ，コ$$

を得る。さらに，$p=3$ であることから，$a_{n+1}=a_n+3$ であるので

$$c_{n+1}=4c_n\quad (c_1=3)$$

となり，数列 $\{c_n\}$ は公比が1より大きい等比数列である。 $\boxed{②}$ →サ

(3)　$$d_nb_{n+1}-qd_{n+1}b_n+ub_{n+1}=0\quad (n=1,\ 2,\ 3,\ \cdots)\quad \cdots\cdots⑦$$

において，q，u は定数で，$q\neq 0$ であり，$d_1=3$ である。

$r=2$ であることから，$b_{n+1}=2b_n$ であるので，⑦は

$$2b_nd_n-qb_nd_{n+1}+2ub_n=0$$

となり，$b_n>0$ であるので，両辺を b_n で割って

$$2d_n-qd_{n+1}+2u=0$$

$q\neq 0$ より

$$d_{n+1}=\frac{\boxed{2}}{q}(d_n+u)\quad \to シ$$

を得る。

数列 $\{d_n\}$ が，公比 s $(0<s<1)$ の等比数列のとき，$d_{n+1}=sd_n$ $(d_1=3)$ であるから，上の式に代入して

$$sd_n=\frac{2}{q}(d_n+u)$$

$$\therefore\ \left(s-\frac{2}{q}\right)d_n=\frac{2}{q}u$$

$s-\dfrac{2}{q}$，$\dfrac{2}{q}u$ は定数であり，$\{d_n\}$ は $d_1>d_2>d_3>\cdots$ となる等比数列であるので，

$s-\dfrac{2}{q}\neq 0$ なら $d_n=\dfrac{\dfrac{2}{q}u}{s-\dfrac{2}{q}}$ となり，数列 $\{d_n\}$ の各項がすべて定数となるため不適。

6－1

よって$s-\frac{2}{q}=0$であり，これより$\frac{2}{q}u=0$となる。したがって，$s=\frac{2}{q}$，$u=0$である。

このとき$d_{n+1}=\frac{2}{q}d_n$より，$\{d_n\}$は公比$\frac{2}{q}$（$\neq 1$）の等比数列となる。すなわち，数列$\{d_n\}$が，公比が0より大きく1より小さい等比数列となるための必要十分条件は，$q>$ 2 →ス かつ $u=$ 0 →セ である。

解説

(1)　等差数列，等比数列について，それぞれの一般項と，それらの初項から第n項までの和についてまとめておく。

ポイント　等差数列

初項がa，公差がdの等差数列$\{a_n\}$について，
漸化式$a_{n+1}=a_n+d$が成り立ち，一般項は$a_n=a+(n-1)d$と表される。
初項から第n項までの和S_nは

$$S_n=a_1+a_2+\cdots+a_n=\frac{1}{2}n\{2a+(n-1)d\}=\frac{1}{2}n(a_1+a_n)$$

ポイント　等比数列

初項がb，公比がrの等比数列$\{b_n\}$について，
漸化式$b_{n+1}=rb_n$が成り立ち，一般項は$b_n=br^{n-1}$と表される。
初項から第n項までの和T_nは

$$T_n=b_1+b_2+\cdots+b_n=\begin{cases}\dfrac{b(1-r^n)}{1-r}=\dfrac{b(r^n-1)}{r-1} & (r\neq 1)\\ nb & (r=1)\end{cases}$$

⑤の$(r-2)pn=r(p-6)+6$は自然数nについての恒等式であるから

$$(r-2)p=0 \quad かつ \quad r(p-6)+6=0$$

が成り立つ。

(2)　問題文の指示に従えばよい。$p=3$であることは，$a_{n+1}=a_n+3$を表しているが，$a_n=3n$であるので，$a_{n+1}=3(n+1)$として代入してもよい。

(3)　$r=2$であることは，$b_{n+1}=2b_n$を表しているが，$b_n=3\times 2^{n-1}$であるから，$b_{n+1}=3\times 2^n$として代入してもよい（計算ミスには気をつけたい）。

最後の必要十分条件を求める部分は，十分条件$q>2$，$u=0$がわかりやすく，空所補充形式の問題であるから，手早く解答できるであろう。$u\neq 0$でも$\{d_n\}$が等比数列になることはあるので注意しよう。$q=4$，$u=3$とすると$d_1=3$，$d_2=3$，$d_3=3$，…となり，公比1の等比数列である。

問題　6－2　演習問題

オリジナル問題

数列の和の公式について，花子さんと太郎さんが話し合っている。

花子：自然数 n に対して，$\sum_{k=0}^{n} k$ つまり $0+1+\cdots+n$ を n の式で表す公式を習ったよ。

太郎：数列の和の計算って，何かしらの工夫をして，直接計算することを回避することが多いよね。

花子：そうだね。$\sum_{k=0}^{n} k$ を S_1 で表すことにすると，この S_1 も 0 から n までを順に足すわけではなく，工夫して求めることができたよ。

太郎：S_1 そのものを考えるのではなく，$2S_1$ を考えるんだよね。

花子：そうだよ。ただし，一つは逆順で足すんだよね。つまり，$S_1=$ [ア] を用いるよ。

太郎：シグマ記号を用いて書いてみるね。

$$2S_1=\sum_{k=0}^{n} k+\boxed{ア}$$
$$=\boxed{イ}$$

となり，これから

$$S_1=\frac{\boxed{イ}}{2}$$

が得られるね。

[ア] の解答群

⓪ $\sum_{k=0}^{n} n$	① $\sum_{k=0}^{n} k$	② $\sum_{k=0}^{n}(n+k)$	③ $\sum_{k=0}^{n}(n-k)$	④ $\sum_{k=0}^{n} nk$

[イ] の解答群

⓪ n^2	① $n(n-1)$	② $n(n+1)$	③ $n(n+2)$
④ $(n-1)^2$	⑤ $(n+1)^2$	⑥ $(n+2)^2$	⑦ $(n+1)(n+2)$

花子：この発想を利用して，$S_2=\sum_{k=0}^{n}k^2$ や $S_3=\sum_{k=0}^{n}k^3$ も求めることはできないかな。

太郎：やってみよう。まずは，S_2 に対して，S_1 のときと同じことを考えて

$$2S_2=\sum_{k=0}^{n}k^2+\sum_{k=0}^{n}(n-k)^2$$
$$=\boxed{\text{ウ}}$$

となるので

$$\sum_{k=0}^{n}n^2=\boxed{\text{エ}}$$

が成り立つね。

花子：この式から，得られるのは

$$S_1=\frac{\boxed{\text{イ}}}{2}$$

という式だね。

太郎：S_1 のときと同じ発想で S_2 を求めようとしたけれども，S_2 に関する情報は得られず，先ほど求めた S_1 の式がまたもや出てきてしまった。S_2 を求めることに失敗したね。

花子：結果的に S_2 を求めるという目的は果たせなかったけど，S_1 を求める別の方法がわかったとプラスに考えることができるよ。

太郎：だったら，S_3 を考えてみると，S_2 が得られるかもしれないね。いま，S_2 を考えて S_1 が得られたのだから。

花子：どうだろう。やってみよう。

$$2S_3=\sum_{k=0}^{n}k^3+\sum_{k=0}^{n}(n-k)^3$$
$$=\boxed{\text{オ}}$$

となるよ。

太郎：計算の途中で，$\sum_{k=0}^{n}k^3$ が打ち消しあうのは，S_1 のときと同様だけど，この式から，S_2 を n で表すことはできないね。S_3 が左辺に残ってしまうからね。

花子：とりあえず，得られた等式について，n を用いて表せる部分は計算して，整理すると

$$2S_3-3nS_2=\boxed{\text{カ}} \quad \cdots\cdots(*)$$

となるね。

ウ の解答群

⓪ $\sum_{k=0}^{n} n^2 - nS_1 + 2S_2$	① $\sum_{k=0}^{n} n^2 - 2nS_1 + 2S_2$	② $\sum_{k=0}^{n} n^2 - 3nS_1 + 2S_2$
③ $-\sum_{k=0}^{n} n^2 + nS_1 + 2S_2$	④ $-\sum_{k=0}^{n} n^2 + 2nS_1 + 2S_2$	⑤ $-\sum_{k=0}^{n} n^2 + 3nS_1 + 2S_2$

エ の解答群

⓪ S_1	① $2S_1$	② $3S_1$	③ nS_1	④ $2nS_1$	⑤ $3nS_1$

オ の解答群

⓪ $\sum_{k=0}^{n} n^3 + 3n^2S_1 + 3nS_2$	① $\sum_{k=0}^{n} n^3 + 3n^2S_1 - 3nS_2$	② $\sum_{k=0}^{n} n^3 - 3n^2S_1 + 3nS_2$
③ $\sum_{k=0}^{n} n^3 - 3n^2S_1 - 3nS_2$	④ $\sum_{k=0}^{n} n^3 + 3nS_1 + 3n^2S_2$	⑤ $\sum_{k=0}^{n} n^3 - 3nS_1 - 3n^2S_2$

カ の解答群

⓪ $\frac{1}{2}n(n+1)$	① $\frac{1}{2}n^2(n+1)$	② $\frac{1}{2}n^2(n+1)^2$	③ $\frac{1}{2}n^3(n+1)$
④ $-\frac{1}{2}n(n+1)$	⑤ $-\frac{1}{2}n^2(n+1)$	⑥ $-\frac{1}{2}n^2(n+1)^2$	⑦ $-\frac{1}{2}n^3(n+1)$

先生：一度試した方法でうまくいかないからといって落ち込む必要はありません。
S_2 や S_3 を求める方法はいくつかあります。
君たちが導いた等式（＊）を用いれば，S_2，S_3 のうちのどちらか一方がわかれば他方がわかります。そこで，S_1 をもとに S_3 を求める方法を教えてあげましょう。
次のような図を用います。

6-2

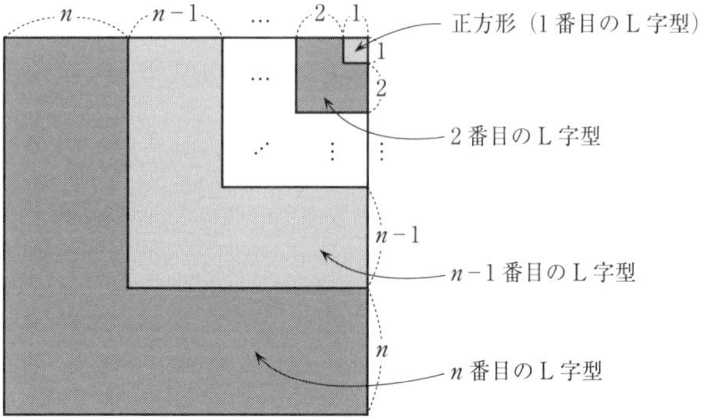

太郎：一辺の長さが $1+2+\cdots+n$ すなわち S_1 の正方形を，右から1，2，…，n と縦に区切り，同様に，上から1，2，…，n と横にも区切った図形ですね。

花子：このL字型部分に注目するということですか。

先生：その通りです。ただし，一番右上の図形は正方形だけど，特殊なL字型とみなして1番目のL字型ということにします。

数学では，同じものを2通りの見方で捉えることで，有益な情報が得られることがよくあります。では，やっていきましょう。右上から k 番目のL字型の面積はいくらでしょうか。ただし，k は n 以下の自然数とします。

太郎：右上から k 番目のL字型の面積は［キ］となりました。

先生：すると，このL字型の面積を1番目から n 番目まであわせると，$\sum_{k=1}^{n}$［キ］となります。これは，一辺の長さが S_1 の正方形の面積と等しいはずなので

［ク］

が成り立ちますね。

太郎：これと（＊）から，S_1 と S_2 の間には，関係式

［ケ］

が成り立つことがわかります。

花子：そして，S_2 と S_3 をそれぞれ n の式で表すことができますね。

［キ］の解答群

⓪ k	① k^2	② k^3	③ k^4	④ $k(k+1)$
⑤ $k(2k+1)$	⑥ $k^2(k+1)$	⑦ $k^2(2k+1)$	⑧ $k^2(k+1)^2$	⑨ $k^2(2k+1)^2$

クの解答群

⓪ $S_1=S_2^2$	① $S_2=S_1^2$	② $S_2=S_3^2$	③ $S_3=S_2^2$	④ $S_1=S_3^2$
⑤ $S_3=S_1^2$	⑥ $S_1=S_2S_3$	⑦ $S_2=S_1S_3$	⑧ $S_3=S_1S_2$	

ケの解答群

⓪ $nS_2=S_1^2+\frac{1}{2}n^3(n+1)$	① $2nS_2=S_1^2+\frac{1}{2}n^3(n+1)$
② $3nS_2=S_1^2+\frac{1}{2}n^3(n+1)$	③ $nS_2=2S_1^2+\frac{1}{2}n^3(n+1)$
④ $2nS_2=2S_1^2+\frac{1}{2}n^3(n+1)$	⑤ $3nS_2=2S_1^2+\frac{1}{2}n^3(n+1)$

問題　6 ― 2　　解答解説

解答記号	ア	イ	ウ	エ	オ	カ	キ	ク	ケ
正　解	③	②	①	④	②	⑦	②	⑤	⑤
チェック									

《数列の和の公式の導出》

会話設定　考察・証明

$S_1=\sum_{k=0}^{n}k=0+1+\cdots+n$ を逆順で足すと

$$S_1=n+(n-1)+\cdots+1+0 \quad \text{つまり} \quad S_1=\sum_{k=0}^{n}(\boldsymbol{n-k}) \quad \boxed{③} \quad \to ア$$

となる。

$$\begin{aligned}2S_1&=\sum_{k=0}^{n}k+\sum_{k=0}^{n}(n-k)\\&=\sum_{k=0}^{n}\{k+(n-k)\}\\&=\sum_{k=0}^{n}n\\&=\boldsymbol{n(n+1)} \quad \boxed{②} \quad \to イ\end{aligned}$$

である。

$$\begin{aligned}2S_2&=\sum_{k=0}^{n}k^2+\sum_{k=0}^{n}(n-k)^2\\&=\sum_{k=0}^{n}\{k^2+(n-k)^2\}\\&=\sum_{k=0}^{n}(n^2-2nk+2k^2)\\&=\sum_{k=0}^{n}n^2-2n\sum_{k=0}^{n}k+2\sum_{k=0}^{n}k^2\\&=\boldsymbol{\sum_{k=0}^{n}n^2-2nS_1+2S_2} \quad \boxed{①} \quad \to ウ\end{aligned}$$

となる。

これより

$$\sum_{k=0}^{n}n^2=\boldsymbol{2nS_1} \quad \boxed{④} \quad \to エ$$

が成り立つ。したがって

$$S_1=\frac{1}{2n}\sum_{k=0}^{n}n^2=\frac{1}{2n}\cdot n^2(n+1)=\frac{n(n+1)}{2}$$

が得られる。

$$2S_3=\sum_{k=0}^{n}k^3+\sum_{k=0}^{n}(n-k)^3$$

$$=\sum_{k=0}^{n}k^3+\sum_{k=0}^{n}(n^3-3n^2k+3nk^2-k^3)$$

$$=\sum_{k=0}^{n}(n^3-3n^2k+3nk^2)$$

$$=\sum_{k=0}^{n}n^3-3n^2\sum_{k=0}^{n}k+3n\sum_{k=0}^{n}k^2$$

$$=\boldsymbol{\sum_{k=0}^{n}n^3-3n^2S_1+3nS_2}\quad \boxed{②}\quad \to オ$$

となる。

$S_1=\dfrac{n(n+1)}{2}$ より

$$2S_3=\sum_{k=0}^{n}n^3-3n^2S_1+3nS_2$$

$$=n^3(n+1)-3n^2\cdot\frac{n(n+1)}{2}+3nS_2$$

$$=n^3(n+1)\left(1-\frac{3}{2}\right)+3nS_2$$

$$=3nS_2-\frac{1}{2}n^3(n+1)$$

であるから

$$2S_3-3nS_2=\boldsymbol{-\frac{1}{2}n^3(n+1)}\quad \cdots\cdots(*)\quad \boxed{⑦}\quad \to カ$$

となる。

$k\geqq 2$ のとき，右上から k 番目のＬ字型の部分を，一辺の長さが $\sum_{i=1}^{k}i$ の正方形から一辺の長さが $\sum_{i=1}^{k-1}i$ の正方形を除いた図形とみると，その面積は

$$\left(\sum_{i=1}^{k}i\right)^2-\left(\sum_{i=1}^{k-1}i\right)^2=\left(\sum_{i=1}^{k}i+\sum_{i=1}^{k-1}i\right)\left(\sum_{i=1}^{k}i-\sum_{i=1}^{k-1}i\right)$$

$$=\left\{2\cdot\frac{(k-1)k}{2}+k\right\}\cdot k=\boldsymbol{k^3}\quad \boxed{②}\quad \to キ$$

である。１番目のＬ字型である右上の正方形は一辺の長さが１よりその面積が $1^2=1$ であることから，いま得た式は $k=1$ のときにも成り立つ。

Ｌ字型の面積を１番目から n 番目まであわせると，$\sum_{k=1}^{n}k^3$ となる。これは，一辺の長さが S_1 の正方形の面積と等しいので

$$\sum_{k=1}^{n} k^3 = S_1{}^2 \quad \text{つまり} \quad \boldsymbol{S_3 = S_1{}^2} \quad \boxed{⑤} \quad \text{→ク}$$

が成り立つ。

$S_3 = S_1{}^2$ と（＊）から S_3 を消去して

$$2S_1{}^2 - 3nS_2 = -\frac{1}{2}n^3(n+1)$$

つまり

$$\boldsymbol{3nS_2 = 2S_1{}^2 + \frac{1}{2}n^3(n+1)} \quad \boxed{⑤} \quad \text{→ケ}$$

が成り立つ。

参考　本問より

$$S_1 = \frac{1}{2}n(n+1), \quad S_2 = \frac{1}{6}n(n+1)(2n+1), \quad S_3 = \left\{\frac{1}{2}n(n+1)\right\}^2$$

といった，和の公式を導くことができる。

解説

本問は，会話文の誘導に従い，普段から馴染みのある公式

$$1 + 2 + \cdots + n = \frac{n(n+1)}{2}$$

$$1^2 + 2^2 + \cdots + n^2 = \frac{n(n+1)(2n+1)}{6}$$

$$1^3 + 2^3 + \cdots + n^3 = \left\{\frac{n(n+1)}{2}\right\}^2$$

の導出を数学的な議論の流れに乗りながら考える問題である。

議論の発想・意図を理解して，素直に計算していけば自ずと答えにはたどりつくであろう。その意味で，本問は難しい問題ではない。

公式を導く方法は1通りではなく，いくつものアプローチがある。多様なアプローチを知るのも数学の醍醐味である。

参考　$S_3 = S_1{}^2 = \left\{\dfrac{n(n+1)}{2}\right\}^2$ を導く別の方法として，次のように群数列を用いるアプローチもある。問題形式にしたので，答えを見る前に少し考えてみよう。

> **問題**　次のように，正の奇数を小さい順に並べた数列を，左端から順次1個，2個，3個，…と群に分けていき，左から k 番目（k：自然数）の群（G_k とする）には k 個の数が含まれるようにする。
>
> $$\underbrace{1}_{G_1} \mid \underbrace{3,\ 5}_{G_2} \mid \underbrace{7,\ 9,\ 11}_{G_3} \mid 13,\ \cdots\cdots \mid \underbrace{\qquad\qquad}_{G_k} \mid \cdots\cdots$$
>
> (1)　第 k 群 G_k の最後の数を k で表せ。
>
> (2)　第 k 群 G_k の最初の数を k で表せ。

(3)　第 k 群 G_k に含まれる数の和を k で表せ。

(4)　自然数 $\boldsymbol{n}$ に対して，第 n 群 G_n までの和を２通りにみることで，ある等式が得られる。その等式とは何か。

(1)　第 k 群 G_k の最後の数は，第 $1+2+\cdots+k=\dfrac{k(k+1)}{2}$ 項目の数であるから，その数は，$\dfrac{k(k+1)}{2}$ 番目の奇数であり

$$2\cdot\frac{k(k+1)}{2}-1=\boldsymbol{k(k+1)-1}$$

(2)　第 k 群 G_k の最初の数は，$k\geqq 2$ のときには，第 $(k-1)$ 群 G_{k-1} の最後の数より２大きいので，その値は

$$[(k-1)\{(k-1)+1\}-1]+2=\boldsymbol{(k-1)k+1}$$

第１群 G_1 の最初の数は１であるから，これは $k=1$ のときにも成り立つ。

(3)　第 k 群 G_k に含まれる数は，初項 $(k-1)k+1$，末項 $k(k+1)-1$，項数 k の等差数列であるから，その和は

$$\frac{k}{2}[\{(k-1)k+1\}+\{k(k+1)-1\}]=\boldsymbol{k^3}$$

(4)　第 n 群 G_n までの和を次の２通りに捉える。

- 各群 G_k の和を $k=1,\ 2,\ 3,\ \cdots,\ n$ について足し合わせた総和
- １から第 n 群の最後 $n(n+1)-1$ までの等差数列の和

両者の値が等しいことを数式にすると

$$\sum_{k=1}^{n}k^3=\frac{1+2+\cdots+n}{2}[1+\{n(n+1)-1\}]$$

つまり　$$\boldsymbol{\sum_{k=1}^{n}k^3=\frac{n^2(n+1)^2}{4}}$$

を得る。

6-2

問題 6 ― 3 演習問題

オリジナル問題

次の問題を考える。

> 問題 次の条件（★）を満たす正の項からなる数列 $\{a_n\}$ を求めよ。
>
> 条件（★）すべての自然数 n に対して，$\sum_{k=1}^{n} a_k = \frac{1}{2}\left(a_n + \frac{1}{a_n}\right)$ が成り立つ。

(1) 和と一般項の関係を考えると，すべての自然数 n に対して

$$a_{n+1}{}^2 + \left(\boxed{\text{ア}} + \frac{1}{\boxed{\text{イ}}}\right)a_{n+1} - \boxed{\text{ウ}} = 0 \quad \cdots\cdots(*)$$

が成り立つことがわかる。

また，条件（★）より

$$a_1 = \boxed{\text{エ}},\quad a_2 = \sqrt{\boxed{\text{オ}}} - \boxed{\text{エ}},\quad a_3 = \sqrt{\boxed{\text{カ}}} - \sqrt{\boxed{\text{オ}}}$$

とわかる。

これより，数列 $\{a_n\}$ の一般項 a_n は

$$a_n = \boxed{\text{キ}} \quad (n = 1,\ 2,\ 3,\ \cdots)$$

と推定される。これが正しいことは数学的帰納法によって証明できる。

ア ～ ウ の解答群（同じものを繰り返し選んでもよい。）

⓪ a_1	① a_2	② a_{n-1}	③ a_n	④ $a_{n-1}a_n$
⑤ 1	⑥ 2	⑦ 3	⑧ 4	⑨ 5

キ の解答群

⓪ $\sqrt{n}$	① $\sqrt{n+1}$	② $\sqrt{n} - \sqrt{n-1}$
③ $\sqrt{n+1} - \sqrt{n}$	④ $\sqrt{2n+1} - \sqrt{2n}$	⑤ $\sqrt{2n} - \sqrt{2n-1}$

(2) 以下では，条件（★）を満たす数列 $\{a_n\}$ の一般項が

$$a_n = \boxed{\text{キ}} \quad (n = 1,\ 2,\ 3,\ \cdots)$$

で与えられることを導いてみよう。

自然数 n に対して，$\sum_{k=1}^{n} a_k$ を S_n と表すことにすると，和と一般項の関係から，

$a_{n+1}=S_{n+1}-S_n$ が成り立つことに注意すると

$$\boxed{\text{ク}}^2-\boxed{\text{ケ}}^2=1$$

が，すべての自然数 n に対して成り立つことがわかる。

これより，数列 $\{\boxed{\text{コ}}\}$ は，公 サ が シ で初項が ス である等 サ 数列をなすことがわかる。

したがって

$S_n=\boxed{\text{セ}}$　$(n=1,\ 2,\ 3,\ \cdots)$

であることがわかり，それゆえ，$a_n=\boxed{\text{キ}}$　$(n=1,\ 2,\ 3,\ \cdots)$ が得られる。

ク ， ケ の解答群（同じものを繰り返し選んでもよい。）

⓪ a_n	① a_{n+1}	② a_1	③ S_n	④ S_{n+1}
⑤ S_1	⑥ $\dfrac{1}{a_n}$	⑦ $\dfrac{1}{S_n}$	⑧ $\dfrac{2}{a_{n+1}}$	⑨ $\dfrac{2}{S_{n+1}}$

コ の解答群

⓪ $a_n{}^2$	① $(a_{n+1}-a_n)^2$	② $(S_n-a_n)^2$	③ $S_n{}^2$
④ $(S_{n+1}-S_n)^2$	⑤ $(a_n-S_1)^2$	⑥ $\left(\dfrac{1}{a_n}\right)^2$	⑦ $\left(\dfrac{1}{S_n}\right)^2$
⑧ $\left(\dfrac{2}{a_{n+1}}\right)^2$	⑨ $\left(\dfrac{2}{S_{n+1}}\right)^2$		

サ の解答群

⓪ 差	① 比

セ の解答群

⓪ $\sqrt{n}$	① $\sqrt{n+1}$	② $\sqrt{n}-\sqrt{n-1}$
③ $\sqrt{n+1}-\sqrt{n}$	④ $\sqrt{2n+1}-\sqrt{2n}$	⑤ $\sqrt{2n}-\sqrt{2n-1}$
⑥ $\sqrt{n}-1$	⑦ $\sqrt{n+1}-1$	⑧ $\sqrt{2n}-1$
⑨ $\sqrt{2n-1}-1$		

問題 6 ― 3　解答解説

解答記号	ア	イ	ウ	エ	オ	カ	キ	ク	ケ	コ	サ	シ	ス	セ
正　解	③	③	⑤	1	2	3	②	④	③	③	⓪	1	1	⓪
チェック														

《和と一般項の関係，漸化式》　考察・証明

(1)　和と一般項の関係を考えると，すべての自然数 n に対して

$$\sum_{k=1}^{n+1} a_k - \sum_{k=1}^{n} a_k = a_{n+1}$$

であるから，条件（★）より

$$\frac{1}{2}\left(a_{n+1} + \frac{1}{a_{n+1}}\right) - \frac{1}{2}\left(a_n + \frac{1}{a_n}\right) = a_{n+1}$$

すなわち

$$a_{n+1} - \frac{1}{a_{n+1}} + \left(a_n + \frac{1}{a_n}\right) = 0$$

が，すべての自然数 n で成り立つ。これより

$$a_{n+1}{}^2 + \left(a_n + \frac{1}{a_n}\right)a_{n+1} - 1 = 0 \quad (n=1,\ 2,\ 3,\ \cdots) \quad \cdots\cdots(*)$$

③，③，⑤　→ア，イ，ウ

が成り立つことがわかる。

条件（★）で，$n=1$ のときを考えると

$$a_1 = \frac{1}{2}\left(a_1 + \frac{1}{a_1}\right) \quad つまり \quad a_1 = \frac{1}{a_1}$$

であり，$a_1>0$ より　$a_1 = \boxed{1}$　→エ

とわかる。

次に，$(*)$ で，$n=1$ のときを考えると

$$a_2{}^2 + \left(a_1 + \frac{1}{a_1}\right)a_2 - 1 = 0 \quad つまり \quad a_2{}^2 + 2a_2 - 1 = 0$$

であり，$a_2>0$ であることから

$$a_2 = \sqrt{\boxed{2}} - 1 \quad →オ$$

とわかる。

さらに，$(*)$ で，$n=2$ のときを考えると

$$a_3{}^2 + \left(a_2 + \frac{1}{a_2}\right)a_3 - 1 = 0 \quad つまり \quad a_3{}^2 + 2\sqrt{2}a_3 - 1 = 0$$

であり，$a_3>0$ であることから

$$a_3=\sqrt{\boxed{\;3\;}}-\sqrt{2}\quad \to カ$$

とわかる。

これより，数列 $\{a_n\}$ の一般項 a_n は

$$a_n=\sqrt{n}-\sqrt{n-1}\quad (n=1,\ 2,\ 3,\ \cdots)\quad \boxed{②}\quad \to キ$$

と推定される。

これが正しいことは次のように数学的帰納法によって証明できる。

(i)　$n=1$ のとき，$a_1=1=\sqrt{1}-\sqrt{0}$ より，$n=1$ のときには成り立っている。

(ii)　$n=k$（k は自然数）で成り立つと仮定する。つまり，$a_k=\sqrt{k}-\sqrt{k-1}$ であると仮定する。

このもとで，（＊）において $n=k$ とすると

$$a_{k+1}{}^2+\left(a_k+\frac{1}{a_k}\right)a_{k+1}-1=0\quad つまり\quad a_{k+1}{}^2+2\sqrt{k}a_{k+1}-1=0$$

であり，$a_{k+1}>0$ であることから

$$a_{k+1}=\sqrt{k+1}-\sqrt{k}$$

となり，$n=k+1$ のときにも成り立つことがいえる。

(i)，(ii)より，すべての自然数 n に対して

$$a_n=\sqrt{n}-\sqrt{n-1}$$

が成り立つことが示された。

(2)　自然数 n に対して，$\sum_{k=1}^{n}a_k$ を S_n と表すことにする。

$a_{n+1}=S_{n+1}-S_n$ が成り立つことに注意すると，$S_{n+1}=\frac{1}{2}\left(a_{n+1}+\frac{1}{a_{n+1}}\right)$ より

$$S_{n+1}=\frac{1}{2}\left(S_{n+1}-S_n+\frac{1}{S_{n+1}-S_n}\right)\quad つまり\quad S_{n+1}+S_n=\frac{1}{S_{n+1}-S_n}$$

が，すべての自然数 n に対して成り立つことがわかる。よって

$$S_{n+1}{}^2-S_n{}^2=1\quad \boxed{④},\ \boxed{③}\quad \to ク，ケ$$

が，すべての自然数 n に対して成り立つことがわかる。

これより，数列 $\{S_n{}^2\}$ $\boxed{③}$ →コ は，公差 $\boxed{⓪}$ →サ が $\boxed{1}$ →シ で初項が $S_1{}^2=a_1{}^2=\boxed{1}$ →ス である等差数列をなすことがわかる。

したがって

$$S_n{}^2=n\quad (n=1,\ 2,\ 3,\ \cdots)$$

$S_n>0$ より

$$S_n=\sqrt{n}\quad (n=1,\ 2,\ 3,\ \cdots)\quad \boxed{⓪}\quad \to セ$$

6－3

であることがわかる。

これより，$n=2,\ 3,\ 4,\ \cdots$ に対して

$$a_n=S_n-S_{n-1}=\sqrt{n}-\sqrt{n-1}$$

が得られ，$a_1=1=\sqrt{1}-\sqrt{0}$ であるから，この結果は $n=1$ のときにも成り立ち，それゆえ，すべての自然数 n に対して

$$a_n=\sqrt{n}-\sqrt{n-1}$$

であることがわかる。

解説

数列 $\{a_n\}$ の一般項が $a_n=\sqrt{n}-\sqrt{n-1}$ で与えられることをいくつかのアプローチで考察する問題である。

後半では，$\{S_n\}$ の一般項を求め，その結果を用いて $\{a_n\}$ の一般項を求めるという流れである。その議論の方針は，最後の

「したがって

$S_n=$ [セ]　$(n=1,\ 2,\ 3,\ \cdots)$

であることがわかり，それゆえ，$a_n=$ [キ]　$(n=1,\ 2,\ 3,\ \cdots)$ が得られる」

という一文から読み取れる。

誘導に乗り切れないと思った際，後の文章を読むと流れが理解できることもあるので，困った時には続きの文章を読んでみよう。

また，空所に適切なものを選ぶ際には，本来ならばすべての自然数（一般の n）に対して成立するものを考えるのが正統ではあるが，具体的な数値（$n=1,\ 2,\ 3$ など）で適するものを見つけることができる場合も多い。必要条件で候補を絞り込んでいくことで考えやすくなるため，困難にぶつかった際には活用してもらいたい。

第７章

統計的な推測

第７章　統計的な推測　傾向分析

従来の『数学Ⅱ・数学B』では，選択問題として20点分が出題されていました。新課程の『数学Ⅱ，数学B，数学C』の試作問題では，新作問題が16点分出題されました。

標本調査の考え方，**確率変数と確率分布**，**二項分布と正規分布**，**正規分布表の読み取り**などに加えて，新課程では**区間推定**や**仮説検定**の方法が追加されており，試作問題もそれらの項目を扱ったものでした。個別試験では出題範囲に含まれていない大学もありますが，理解していれば比較的取り組みやすい分野なので，この分野を選択解答する場合は，しっかりと対策しておきましょう。

共通テストでの出題項目

試　験	大　問	出題項目	配　点
新課程 試作問題	第５問 （演習問題７－１）	標本平均，信頼区間，仮説検定 実用設定　考察・証明	16点
2023本試験	第３問	正規分布，二項分布，信頼区間 実用設定	20点
2023追試験	第３問	二項分布，正規分布，信頼区間 実用設定	20点
2022本試験	第３問	二項分布，標本比率，正規分布，確率密度関数　実用設定	20点
2022追試験	第３問	二項分布，正規分布，標本平均 考察・証明	20点
2021本試験 （第１日程）	第３問	二項分布，正規分布，母平均の推定 実用設定	20点
2021本試験 （第２日程）	第３問	二項分布，正規分布　実用設定	20点

学習指導要領における内容

ア．次のような知識及び技能を身に付けること。
　（ア）　標本調査の考え方について理解を深めること。
　（イ）　確率変数と確率分布について理解すること。
　（ウ）　二項分布と正規分布の性質や特徴について理解すること。
　（エ）　正規分布を用いた区間推定及び仮説検定の方法を理解すること。

イ．次のような思考力，判断力，表現力等を身に付けること。
　（ア）　確率分布や標本分布の特徴を，確率変数の平均，分散，標準偏差などを用いて考察すること。
　（イ）　目的に応じて標本調査を設計し，収集したデータを基にコンピュータなどの情報機器を用いて処理するなどして，母集団の特徴や傾向を推測し判断するとともに，標本調査の方法や結果を批判的に考察すること。

問題 7－1　演習問題

試作問題　第5問

以下の問題を解答するにあたっては，必要に応じて161ページの正規分布表を用いてもよい。

花子さんは，マイクロプラスチックと呼ばれる小さなプラスチック片（以下，MP）による海洋中や大気中の汚染が，環境問題となっていることを知った。花子さんたち49人は，面積が50 a（アール）の砂浜の表面にあるMPの個数を調べるため，それぞれが無作為に選んだ20 cm四方の区画の表面から深さ3 cmまでをすくい，MPの個数を研究所で数えてもらうことにした。そして，この砂浜の1区画あたりのMPの個数を確率変数Xとして考えることにした。

このとき，Xの母平均をm，母標準偏差をσとし，標本49区画の1区画あたりのMPの個数の平均値を表す確率変数を$\overline{X}$とする。

花子さんたちが調べた49区画では，平均値が16，標準偏差が2であった。

(1)　砂浜全体に含まれるMPの全個数Mを推定することにする。

花子さんは，次の**方針**でMを推定することとした。

方針

砂浜全体には20 cm四方の区画が125000個分あり，$M = 125000 \times m$なので，Mを$W = 125000 \times \overline{X}$で推定する。

確率変数$\overline{X}$は，標本の大きさ49が十分に大きいので，平均 **ア** ，標準偏差 **イ** の正規分布に近似的に従う。

そこで，**方針**に基づいて考えると，確率変数Wは平均 **ウ** ，標準偏差 **エ** の正規分布に近似的に従うことがわかる。

このとき，Xの母標準偏差σは標本の標準偏差と同じ$\sigma = 2$と仮定する

と，Mに対する信頼度95%の信頼区間は

$$\boxed{\text{オカキ}} \times 10^4 \leqq M \leqq \boxed{\text{クケコ}} \times 10^4$$

となる。

ア の解答群

⓪ m	① $4m$	② $7m$	③ $16m$	④ $49m$
⑤ X	⑥ $4X$	⑦ $7X$	⑧ $16X$	⑨ $49X$

イ の解答群

⓪ σ	① 2σ	② 4σ	③ 7σ	④ 49σ
⑤ $\dfrac{\sigma}{2}$	⑥ $\dfrac{\sigma}{4}$	⑦ $\dfrac{\sigma}{7}$	⑧ $\dfrac{\sigma}{49}$	

ウ の解答群

⓪ $\dfrac{16}{49}m$	① $\dfrac{4}{7}m$	② $49m$	③ $\dfrac{125000}{49}m$
④ $125000m$	⑤ $\dfrac{16}{49}\overline{X}$	⑥ $\dfrac{4}{7}\overline{X}$	⑦ $49\overline{X}$
⑧ $\dfrac{125000}{49}\overline{X}$	⑨ $125000\overline{X}$		

エ の解答群

⓪ $\dfrac{\sigma}{49}$	① $\dfrac{\sigma}{7}$	② 49σ	③ $\dfrac{125000}{49}\sigma$
④ $\dfrac{31250}{7}\sigma$	⑤ $\dfrac{125000}{7}\sigma$	⑥ 31250σ	⑦ 62500σ
⑧ 125000σ	⑨ 250000σ		

(2)　研究所が昨年調査したときには，1区画あたりのMPの個数の母平均が15，母標準偏差が2であった。今年の母平均 m が昨年とは異なるといえるかを，有意水準 5%で仮説検定をする。ただし，母標準偏差は今年も$\sigma = 2$とする。

まず，帰無仮説は「今年の母平均は［サ］」であり，対立仮説は「今年の母平均は［シ］」である。

次に，帰無仮説が正しいとすると，$\overline{X}$ は平均［ス］，標準偏差［セ］の正規分布に近似的に従うため，確率変数 $Z = \dfrac{\overline{X} - [ス]}{[セ]}$ は標準正規分布に近似的に従う。

花子さんたちの調査結果から求めた Z の値を z とすると，標準正規分布において確率 $P(Z \leqq -|z|)$ と確率 $P(Z \geqq |z|)$ の和は0.05よりも［ソ］ので，有意水準5%で今年の母平均 m は昨年と［タ］。

［サ］，［シ］の解答群（同じものを繰り返し選んでもよい。）

⓪　$\overline{X}$ である	①　m である
②　15 である	③　16 である
④　$\overline{X}$ ではない	⑤　m ではない
⑥　15 ではない	⑦　16 ではない

［ス］，［セ］の解答群（同じものを繰り返し選んでもよい。）

⓪　$\dfrac{4}{49}$	①　$\dfrac{2}{7}$	②　$\dfrac{16}{49}$	③　$\dfrac{4}{7}$	④　2
⑤　$\dfrac{15}{7}$	⑥　4	⑦　15	⑧　16	

［ソ］の解答群

⓪　大きい	①　小さい

［タ］の解答群

⓪　異なるといえる	①　異なるとはいえない

正　規　分　布　表

次の表は，標準正規分布の分布曲線における右図の灰色部分の面積の値をまとめたものである。

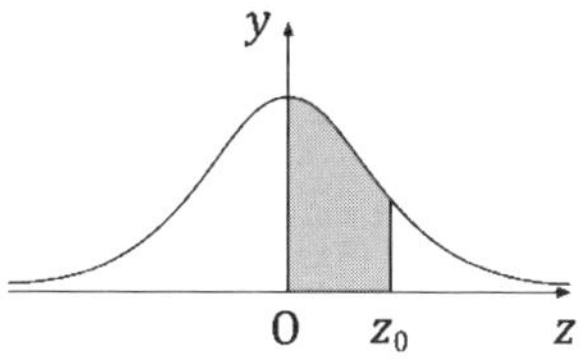

z_0	0.00	0.01	0.02	0.03	0.04	0.05	0.06	0.07	0.08	0.09
0.0	0.0000	0.0040	0.0080	0.0120	0.0160	0.0199	0.0239	0.0279	0.0319	0.0359
0.1	0.0398	0.0438	0.0478	0.0517	0.0557	0.0596	0.0636	0.0675	0.0714	0.0753
0.2	0.0793	0.0832	0.0871	0.0910	0.0948	0.0987	0.1026	0.1064	0.1103	0.1141
0.3	0.1179	0.1217	0.1255	0.1293	0.1331	0.1368	0.1406	0.1443	0.1480	0.1517
0.4	0.1554	0.1591	0.1628	0.1664	0.1700	0.1736	0.1772	0.1808	0.1844	0.1879
0.5	0.1915	0.1950	0.1985	0.2019	0.2054	0.2088	0.2123	0.2157	0.2190	0.2224
0.6	0.2257	0.2291	0.2324	0.2357	0.2389	0.2422	0.2454	0.2486	0.2517	0.2549
0.7	0.2580	0.2611	0.2642	0.2673	0.2704	0.2734	0.2764	0.2794	0.2823	0.2852
0.8	0.2881	0.2910	0.2939	0.2967	0.2995	0.3023	0.3051	0.3078	0.3106	0.3133
0.9	0.3159	0.3186	0.3212	0.3238	0.3264	0.3289	0.3315	0.3340	0.3365	0.3389
1.0	0.3413	0.3438	0.3461	0.3485	0.3508	0.3531	0.3554	0.3577	0.3599	0.3621
1.1	0.3643	0.3665	0.3686	0.3708	0.3729	0.3749	0.3770	0.3790	0.3810	0.3830
1.2	0.3849	0.3869	0.3888	0.3907	0.3925	0.3944	0.3962	0.3980	0.3997	0.4015
1.3	0.4032	0.4049	0.4066	0.4082	0.4099	0.4115	0.4131	0.4147	0.4162	0.4177
1.4	0.4192	0.4207	0.4222	0.4236	0.4251	0.4265	0.4279	0.4292	0.4306	0.4319
1.5	0.4332	0.4345	0.4357	0.4370	0.4382	0.4394	0.4406	0.4418	0.4429	0.4441
1.6	0.4452	0.4463	0.4474	0.4484	0.4495	0.4505	0.4515	0.4525	0.4535	0.4545
1.7	0.4554	0.4564	0.4573	0.4582	0.4591	0.4599	0.4608	0.4616	0.4625	0.4633
1.8	0.4641	0.4649	0.4656	0.4664	0.4671	0.4678	0.4686	0.4693	0.4699	0.4706
1.9	0.4713	0.4719	0.4726	0.4732	0.4738	0.4744	0.4750	0.4756	0.4761	0.4767
2.0	0.4772	0.4778	0.4783	0.4788	0.4793	0.4798	0.4803	0.4808	0.4812	0.4817
2.1	0.4821	0.4826	0.4830	0.4834	0.4838	0.4842	0.4846	0.4850	0.4854	0.4857
2.2	0.4861	0.4864	0.4868	0.4871	0.4875	0.4878	0.4881	0.4884	0.4887	0.4890
2.3	0.4893	0.4896	0.4898	0.4901	0.4904	0.4906	0.4909	0.4911	0.4913	0.4916
2.4	0.4918	0.4920	0.4922	0.4925	0.4927	0.4929	0.4931	0.4932	0.4934	0.4936
2.5	0.4938	0.4940	0.4941	0.4943	0.4945	0.4946	0.4948	0.4949	0.4951	0.4952
2.6	0.4953	0.4955	0.4956	0.4957	0.4959	0.4960	0.4961	0.4962	0.4963	0.4964
2.7	0.4965	0.4966	0.4967	0.4968	0.4969	0.4970	0.4971	0.4972	0.4973	0.4974
2.8	0.4974	0.4975	0.4976	0.4977	0.4977	0.4978	0.4979	0.4979	0.4980	0.4981
2.9	0.4981	0.4982	0.4982	0.4983	0.4984	0.4984	0.4985	0.4985	0.4986	0.4986
3.0	0.4987	0.4987	0.4987	0.4988	0.4988	0.4989	0.4989	0.4989	0.4990	0.4990
3.1	0.4990	0.4991	0.4991	0.4991	0.4992	0.4992	0.4992	0.4992	0.4993	0.4993
3.2	0.4993	0.4993	0.4994	0.4994	0.4994	0.4994	0.4994	0.4995	0.4995	0.4995
3.3	0.4995	0.4995	0.4995	0.4996	0.4996	0.4996	0.4996	0.4996	0.4996	0.4997
3.4	0.4997	0.4997	0.4997	0.4997	0.4997	0.4997	0.4997	0.4997	0.4997	0.4998
3.5	0.4998	0.4998	0.4998	0.4998	0.4998	0.4998	0.4998	0.4998	0.4998	0.4998

問題 7 ― 1　解答解説

解答記号	ア	イ	ウ	エ	オカキ	クケコ	サ	シ	ス	セ	ソ	タ
正　解	⓪	⑦	④	⑤	193	207	②	⑥	⑦	①	①	⓪
チェック												

《標本平均の分布，推定，信頼区間，正規分布，仮説検定》

実用設定　考察・証明

無作為に選んだ 20cm 四方の区画の表面から深さ 3cm までをすくい，MP の個数を数え，この個数を確率変数 X として考える。

このとき，X の母平均を m，母標準偏差を σ とし，標本 49 区画の 1 区画あたりの MP の個数の平均値を表す確率変数を $\overline{X}$ とする。

花子さんたちが調べた 49 区画では，平均値が 16，標準偏差が 2 であった。

(1)　砂浜全体に含まれる MP の全個数 M を推定することにする。

花子さんは，次の方針で M を推定することとした。

方針

砂浜全体には 20cm 四方の区画が 125000 個分あり，$M=125000\times m$ なので，M を $W=125000\times\overline{X}$ で推定する。

確率変数 $\overline{X}$ は，標本の大きさ 49 が十分に大きいので，X の母平均が m で，母標準偏差が σ であることから，平均 $\boldsymbol{m}$ [⓪] →ア，標準偏差 $\dfrac{\sigma}{\sqrt{49}}$ つまり $\boldsymbol{\dfrac{\sigma}{7}}$ [⑦] →イ の正規分布に近似的に従う。

そこで，**方針**に基づいて考えると，確率変数 W は $W=125000\times\overline{X}$ で定められているので，平均 $\boldsymbol{125000m}$ [④] →ウ，標準偏差 $\boldsymbol{\dfrac{125000}{7}\sigma}$ [⑤] →エ の正規分布に近似的に従うことがわかる。

このとき，M に対する信頼度 95％の信頼区間は

$$[\text{標本平均}]-1.96\times[\text{標準偏差}]\leqq M\leqq[\text{標本平均}]+1.96\times[\text{標準偏差}]$$

で表すことができる。ここで，$m=16$ を代入し，X の母標準偏差 σ は標本の標準偏差と同じ $\sigma=2$ と仮定すると

$$[\text{標本平均}]=125000m=125000\times16$$

$$[\text{標準偏差}]=\frac{125000\times2}{7}$$

となるので

$$125000\times16-1.96\times\frac{125000\times2}{7}=125000\times\left(16-1.96\times\frac{2}{7}\right)$$
$$=125000\times(16-0.56)$$
$$=125000\times15.44$$
$$=193\times10^4$$

$$125000\times16+1.96\times\frac{125000\times2}{7}=125000\times\left(16+1.96\times\frac{2}{7}\right)$$
$$=125000\times(16+0.56)$$
$$=125000\times16.56$$
$$=207\times10^4$$

よって

　[193] $\times10^4 \leqq M \leqq$ [207] $\times10^4$　**→オカキ，クケコ**

となる。

(2)　昨年は，１区画あたりのMPの個数の母平均が15，母標準偏差が２であった。今年の母平均 m が昨年とは異なるといえるかを，有意水準５％で仮説検定をする。よって，帰無仮説と対立仮説は「今年の母平均は15である」と「今年の母平均は15ではない」に絞られる。さらに続けて「帰無仮説が正しいとすると，$\overline{X}$ は平均 [ス]，標準偏差 [セ] の正規分布に近似的に従う」とあることから，帰無仮説は「今年の母平均は**15である**」 [②] **→サ** であり，対立仮説は「今年の母平均は**15ではない**」 [⑥] **→シ** である。一般に仮説検定では，帰無仮説のもとで計算するので，帰無仮説は等号を用いて表される。

母標準偏差は今年も $\sigma=2$ とする。帰無仮説が正しいとすると，$\overline{X}$ は平均**15** [⑦] **→ス**，標準偏差 $\frac{2}{\sqrt{49}}$ つまり $\boldsymbol{\frac{2}{7}}$ [①] **→セ** の正規分布に近似的に従う。

確率変数 $\overline{X}$ が正規分布 $N(m,\ \sigma^2)$ に従うとき，$Z=\frac{\overline{X}-m}{\sigma}$ とおくと，確率変数 Z は標準正規分布 $N(0,\ 1)$ に従うので，確率変数 $Z=\frac{\overline{X}-15}{\frac{2}{7}}=\frac{7}{2}(\overline{X}-15)$ は標準正規分布に近似的に従う。

花子さんたちの調査結果から求めた Z の値を z とすると，$\overline{X}$ の平均は $m=16$ より

$$z=\frac{7}{2}(16-15)=\frac{7}{2}=3.5$$

と定まる。

標準正規分布において確率 $P(Z \leqq -|z|)$ と確率 $P(Z \geqq |z|)$ の和について考える。右のグラフを参考にする。

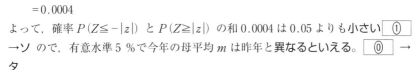

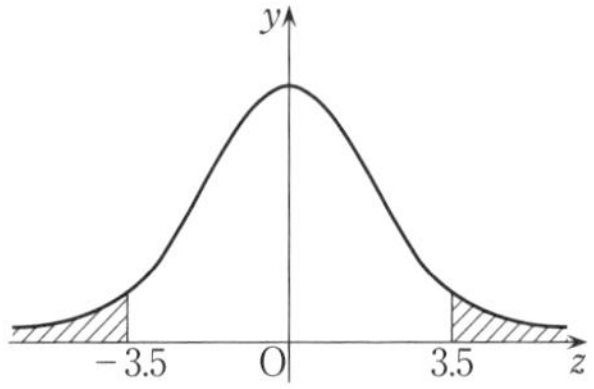

$$
\begin{aligned}
&P(Z \leqq -|z|) + P(Z \geqq |z|) \\
&= P(Z \leqq -3.5) + P(Z \geqq 3.5) \\
&= 2P(Z \geqq 3.5) \\
&= 2\{0.5 - P(0 \leqq Z \leqq 3.5)\} \\
&= 2(0.5 - 0.4998) \\
&= 0.0004
\end{aligned}
$$

よって，確率 $P(Z \leqq -|z|)$ と $P(Z \geqq |z|)$ の和 0.0004 は 0.05 よりも**小さい** ① →ソ ので，有意水準 5 %で今年の母平均 m は昨年と**異なるといえる。** ⓪ →タ

解説

(1)　正規分布の平均と標準偏差，および標本平均の分布についてまとめておく。

> **ポイント　正規分布の平均と標準偏差**
>
> 確率変数 X が正規分布 $N(m,\ \sigma^2)$ に従うとき
>
> 平均 $E(X) = m$，標準偏差 $\sigma(X) = \sigma$

> **ポイント　標本平均の分布**
>
> 母平均 m，母分散 σ^2 の母集団から無作為抽出された大きさ n の標本平均 $\overline{X}$ の分布は，n が大きければ正規分布 $N\left(m,\ \dfrac{\sigma^2}{n}\right)$ とみなすことができる。

標本の大きさ 49 が大きいかどうかの判断は，いくら以上だから大きいという基準はないが，十分に大きいといってくれているので，それに従う。

正規分布 $N\left(m,\ \dfrac{\sigma^2}{n}\right)$ に従うということは，平均は m，標準偏差は分散の正の平方根なので $\dfrac{\sigma}{\sqrt{n}}$ である。

> **ポイント　信頼度 95 %の信頼区間**
>
> 標本平均を $\overline{X}$ とする。母分散 σ^2 がわかっている母集団から大きさ n の標本を抽出するとき，n が大きければ，母平均 m に対する信頼度 95 %の信頼区間は
>
> $$\overline{X} - 1.96 \times \frac{\sigma}{\sqrt{n}} \leqq m \leqq \overline{X} + 1.96 \times \frac{\sigma}{\sqrt{n}}$$

$\overline{X}$，$\dfrac{\sigma}{\sqrt{n}}$ の値は既に求めているので，代入して正確に計算しよう。

ただし，この項目の基本事項，公式での $\overline{X}$ はこの問題での $\overline{X}$ とは違う意味で使われているので，注意し正しく置き換えて用いよう。

(2)　標準正規分布について，次のことがいえる。

ポイント　標準正規分布

確率変数 X が正規分布 $N(m,\ \sigma^2)$ に従うとき，$Z=\dfrac{X-m}{\sigma}$ とおくと，確率変数 Z は標準正規分布 $N(0,\ 1)$ に従う。

確率 $P(Z \leqq -|z|)$ と $P(Z \geqq |z|)$ の和をもとにして，有意水準５％で今年の母平均 m は昨年と異なるといえるかどうかを判断する問題では，前ページのような正規分布のグラフをイメージしてどの部分の確率を求めればよいのかを正しく判断して答えよう。グラフを描くことで勘違いを防ぐことができる。

問題 7 — 2　演習問題

オリジナル問題

花子さんは志望大学の農学部附属農場の体験授業に参加し，教授と話をした。次の会話を読んで，下の問いに答えよ。

以下の問題を解答するにあたっては，必要に応じて161ページ（問題７－１）の正規分布表を用いてもよい。

教授：このビニールハウスでは花についていろいろな実験をしてデータをとっているのです。そのために，ある条件を満たした花を育てたいので，次のようにしています。
最初はポットに種を一つ一つまいて成長を待ちます。そして発芽してきた苗を花壇に植え替えます。その際に，基準を設けそれに適合した苗だけを花壇に植え替えるのです。

花子：そうなんですね。家庭で植木鉢に花を咲かせるのとは違うのですね。

教授：今日はデータの処理の仕方について考えてみましょう。

花子：わかりました。楽しみです。

(1)　ポットに種をまいた後に発芽して一定期間経ったときの，花の苗の高さは母平均 m (cm)，母標準偏差 $\sigma=1.5$ (cm) の正規分布に従うとする。花の苗を花壇に植え替えるとき，高さが7.3cmより低い苗と，13.0cmより高い苗を間引くこととする。$m=10$ (cm) としたときの，苗が間引かれる確率を求めると，次のようになる。苗の高さを確率変数 X で表すと，X は正規分布 ア に従う。よって，$Z=$ イ とおくと，Z は標準正規分布 $N(0,\ 1)$ に従うから，苗が間引かれる確率は ウ である。

ア の解答群

⓪ $N(10,\ 1.5^2)$	① $N(10^2,\ 1.5)$	② $N(10^2,\ 1.5^2)$
③ $N(5,\ 0.75^2)$	④ $N(10,\ 1.5)$	⑤ $N(\sqrt{10},\ \sqrt{1.5})$

イ の解答群

⓪ $\dfrac{X-1.5^2}{10}$	① $\dfrac{X-1.5}{10^2}$	② $\dfrac{X-1.5^2}{10^2}$	③ $\dfrac{X-1.5}{10}$
④ $\dfrac{X-10}{1.5^2}$	⑤ $\dfrac{X-10^2}{1.5}$	⑥ $\dfrac{X-10^2}{1.5^2}$	⑦ $\dfrac{X-10}{1.5}$

ウ の解答群

⓪ 0.0587	① 0.2999	② 0.4001	③ 0.6410	④ 0.8278

(2) 次に，母平均 m がわからないので，大きさ n の標本を無作為抽出して m に対する信頼度 95％の信頼区間を求めたところ，$9.81 \leqq m \leqq 10.79$ だった。標本平均 $\bar{x}$ の値と標本の大きさ n を求めると，次のようになる。

$\bar{x}$ を標準化した確率変数 $z=\dfrac{\bar{x}-m}{\dfrac{1.5}{\sqrt{n}}}$ の分布は標準正規分布 $N(0,\ 1)$ に従うので，正の数 k に対して

$$P\left(|\bar{x}-m| \leqq \frac{1.5k}{\sqrt{n}}\right)=P\left(\frac{|\bar{x}-m|}{\dfrac{1.5}{\sqrt{n}}} \leqq k\right)=P(|z| \leqq k)$$

であるから，信頼度 95％で母平均 m を推定するには

$P(|z| \leqq k)=0.$ エオ

つまり

$P(0 \leqq z \leqq k)=0.$ カキク

となる k を求めればよい。

これを満たす k の値は正規分布表より

$k=$ ケ . コサ

である。したがって，母平均 m に対する信頼度 95％の信頼区間は

$\bar{x}-$ ケ . コサ $\times\dfrac{1.5}{\sqrt{n}} \leqq m \leqq \bar{x}+$ ケ . コサ $\times\dfrac{1.5}{\sqrt{n}}$

したがって　$\bar{x}=$ シス . セ (cm)，$n=$ ソタ

(3) 次に，母平均 m に対する信頼度 95％の信頼区間 $9.81 \leqq m \leqq 10.79$ の幅 $10.79-9.81=0.98$ を，$\dfrac{1}{4}$ 倍の 0.245 にしたい。

そのためには，信頼度を変えずに標本の大きさを［チツ］倍にすればよい。もしくは，標本の大きさを変えずに信頼度を［テト］.［ナニ］%にすればよい。
すなわち，ここでの母平均 m に対する信頼度 95%の信頼区間 $9.81 \leqq m \leqq 10.79$ の意味は，［ヌ］ということである。

［ヌ］の解答群

⓪　ポットで発芽したすべての花の苗の約 95%は，高さが 9.81cm 以上 10.79cm 以下である
①　ポットで発芽した花の苗から任意に抽出した n 本の花の苗の約 95%は，高さが 9.81cm 以上 10.79cm 以下である
②　ポットで発芽した花の苗全体から 95%程度の花の苗を無作為抽出すれば，花の苗の高さの標本平均は，9.81cm 以上 10.79cm 以下となる
③　ポットで発芽した花の苗から n 本を 100 回無作為抽出すれば，そのうち 95 回程度は標本平均が m である
④　ポットで発芽した花の苗から n 本を 100 回無作為抽出すれば，そのうち 95 回程度は信頼区間が m を含んでいる
⑤　ポットで発芽した花の苗から n 本を 100 回無作為抽出すれば，そのうち 95 回程度は信頼区間が $\overline{x}$ を含んでいる

花子：これに関連して，以前から疑問に思っていたことがあるのです。教科書や問題集などで問題を解くと，信頼区間を考えるときにほとんどの問題が信頼度が 95%となっています。これには何か理由があるのですか。例えば，信頼度 92%と自由にとって考えることはできないのでしょうか。

教授：できますよ。先ほど信頼度 95%で考察した過程で 95%のところを 92%と置き換えて同じように計算すればよいのですよ。逆に花子さんにお聞きしたいのですが，今までに信頼度を 95%ではなく 92%にしなければならないような困った状況がありましたか。

花子：いいえ，ありません。

教授：でしょ？　ですから，習慣として信頼度は切りのよい 5%刻みで扱うことが多く，100%に極めて近いということで 95%が用いられます。その他では 90%や，5%刻みとは違いますがほぼ 100%ということで 99%が用いられることがあります。先ほど，母平均 m に対する信頼度 95%の信頼区間を

$$\bar{x}-\boxed{ケ}.\boxed{コサ}\times\frac{1.5}{\sqrt{n}}\leqq m\leqq\bar{x}+\boxed{ケ}.\boxed{コサ}\times\frac{1.5}{\sqrt{n}}$$

であると求めましたが，次のようなことがいえます。

7-2

(4)　先ほどと同様に標本平均を$\bar{x}$，標本の大きさをnとするとき，母平均mに対する信頼度90％の信頼区間は

$$\bar{x}-\boxed{ネ}\times\frac{1.5}{\sqrt{n}}\leqq m\leqq\bar{x}+\boxed{ネ}\times\frac{1.5}{\sqrt{n}}$$

である。また，信頼度99％の信頼区間は

$$\bar{x}-\boxed{ノ}\times\frac{1.5}{\sqrt{n}}\leqq m\leqq\bar{x}+\boxed{ノ}\times\frac{1.5}{\sqrt{n}}$$

である。

［ネ］，［ノ］の解答群

⓪　1.52	①　1.64	②　1.75
③　1.96	④　2.17	⑤　2.58

問題 7 — 2　解答解説

解答記号	ア	イ	ウ	0.エオ	0.カキク	ケ.コサ	シス.セ	ソタ	チツ	テト.ナニ
正　解	⓪	⑦	⓪	0.95	0.475	1.96	10.3	36	16	37.58
チェック										

解答記号	ヌ	ネ	ノ
正　解	④	①	⑤
チェック			

《花の苗の高さに関する信頼度95％の信頼区間についての考察》

会話設定　実用設定

(1)　苗の高さを確率変数 X で表すと，X は正規分布 $N(m,\ \sigma^2)$ つまり $\boldsymbol{N(10,\ 1.5^2)}$ ⓪ →ア に従う。

$Z=\boldsymbol{\dfrac{X-10}{1.5}}$ ⑦ →イ とおくと，Z は標準正規分布 $N(0,\ 1)$ に従う。

正規分布 $N(m,\ \sigma^2)$ を $N(0,\ 1)$ の標準正規分布に変換することを「標準化する」という。

苗が間引かれない確率は

$$
\begin{aligned}
P(7.3\leqq X\leqq 13.0) &= P\left(\frac{7.3-10}{1.5}\leqq\frac{X-10}{1.5}\leqq\frac{13.0-10}{1.5}\right)\\
&= P(-1.8\leqq Z\leqq 2)\\
&= P(0\leqq Z\leqq 1.8)+P(0\leqq Z\leqq 2)\\
&= 0.4641+0.4772\\
&= 0.9413
\end{aligned}
$$

よって，苗が間引かれる確率は $1-0.9413=\boldsymbol{0.0587}$ ⓪ →ウ である。

(2)　$\bar{x}$ を標準化した確率変数 $z=\dfrac{\bar{x}-m}{\frac{1.5}{\sqrt{n}}}$ の分布は標準正規分布 $N(0,\ 1)$ に従うから，

正の数 k に対して

$$
P\left(|\bar{x}-m|\leqq\frac{1.5k}{\sqrt{n}}\right)=P\left(\frac{|\bar{x}-m|}{\frac{1.5}{\sqrt{n}}}\leqq k\right)=P(|z|\leqq k)
$$

母平均 m に対する信頼度95％の信頼区間を求めるので

$$P(|z| \leqq k)=0.\boxed{95} \quad \to エオ$$

つまり

$$P(0 \leqq z \leqq k)=0.\boxed{475} \quad \to カキク$$

となる k を正規分布表より求めると

$$k=\boxed{1}.\boxed{96} \quad \to ケ,\ コサ$$

である。したがって，母平均 m に対する信頼度95％の信頼区間は

$$\overline{x}-1.96\times\frac{1.5}{\sqrt{n}} \leqq m \leqq \overline{x}+1.96\times\frac{1.5}{\sqrt{n}} \quad \cdots\cdots①$$

母平均 m に対する信頼度95％の信頼区間が $9.81 \leqq m \leqq 10.79$ であるから

$$\begin{cases} \overline{x}-1.96\cdot\dfrac{1.5}{\sqrt{n}}=9.81 \\ \overline{x}+1.96\cdot\dfrac{1.5}{\sqrt{n}}=10.79 \end{cases}$$

より

$$\overline{x}=\boxed{10}.\boxed{3},\quad n=\boxed{36} \quad \to シス,\ セ,\ ソタ$$

(3)　①において，母平均 m に対する信頼区間の幅は $\sqrt{n}$ に反比例するので，信頼区間の幅を $\frac{1}{4}$ 倍にするには，$\sqrt{n}$ を4倍にすればよい。

よって，信頼度を変えずに標本の大きさを $4^2=\boxed{16}$ →チツ 倍にすればよい。

標本の大きさを変えないときに，信頼区間の幅を $\frac{1}{4}$ 倍にするには，①において，1.96の値を $\frac{1}{4}$ 倍の0.49にすればよい。このとき，正規分布表より

$$\begin{aligned} P(-0.49 \leqq z \leqq 0.49) &= 2P(0 \leqq z \leqq 0.49) \\ &= 2\times0.1879 \\ &= 0.3758 \end{aligned}$$

このとき，信頼度は

$$\boxed{37}.\boxed{58}\ \% \quad \to テト,\ ナニ$$

となる。

母平均 m に対する信頼度95％の信頼区間とは，無作為抽出を繰り返し，このような区間を例えば100個作ると，母平均 m を含む区間が95個くらいあることを意味しているので，最も適当なものは $\boxed{④}$ →ヌ である。

(4)　母平均 m に対する信頼度90％の信頼区間を求めると

$$P(|z| \leqq k) = 0.90$$

つまり

$$P(0 \leqq z \leqq k) = 0.45$$

となる k を正規分布表より求めると

$$k = 1.64$$

である。よって，信頼度 90％の信頼区間は

$$\bar{x} - \mathbf{1.64} \times \frac{1.5}{\sqrt{n}} \leqq m \leqq \bar{x} + 1.64 \times \frac{1.5}{\sqrt{n}}$$　①　→ネ

となる。

また，母平均 m に対する信頼度 99％の信頼区間を求めると

$$P(|z| \leqq k) = 0.99$$

つまり

$$P(0 \leqq z \leqq k) = 0.495$$

となる k を正規分布表より求めると

$$k = 2.58$$

である。よって，信頼度 99％の信頼区間は

$$\bar{x} - \mathbf{2.58} \times \frac{1.5}{\sqrt{n}} \leqq m \leqq \bar{x} + 2.58 \times \frac{1.5}{\sqrt{n}}$$　⑤　→ノ

となる。

解説

前半部分で母平均 m に対する信頼度 95％の信頼区間を考えるときの k の値としての 1.96 は，何度も演習を重ねているうちに覚えている受験生も多いであろう。本問を通して，どのようにして導出されたのかを確認しておいてほしい。その意味もあって，信頼度 90％と 99％の信頼区間についての問題を最後に入れておいた。

問題 7－3　演習問題

オリジナル問題

以下の問題を解答するにあたっては，必要に応じて175ページの平方根の表および161ページ（問題7－1）の正規分布表を用いてもよい。

(1) あるレストランは50人の客を収容できる。経験によれば，予約をした客の10％は当日姿を現さないという。そこで，このレストランの本日の予約人数が55人であるとき，実際に来店する客の数を確率変数 X とし，X は二項分布 $B\left(55,\ \frac{9}{10}\right)$ に従うと考えることにする。つまり，$k=0,\ 1,\ 2,\ \cdots,\ 55$ に対して

$P(X=k)=$ ア

である。

また，X の期待値 $E(X)$ と X の分散 $V(X)$ はそれぞれ

$E(X)=$ イウ . エ ，$V(X)=$ オ . カキ

である。

ア の解答群

⓪ $\dfrac{55!}{k!(55-k)!}\left(\dfrac{9}{10}\right)^{55-k}\left(\dfrac{1}{10}\right)^{k}$	① $\dfrac{{}_{55}\mathrm{P}_k}{(55-k)!}\left(\dfrac{9}{10}\right)^{55-k}\left(\dfrac{1}{10}\right)^{k}$
② ${}_{55}\mathrm{P}_k\left(\dfrac{9}{10}\right)^{55-k}\left(\dfrac{1}{10}\right)^{k}$	③ ${}_{55}\mathrm{P}_k\left(\dfrac{9}{10}\right)^{k}\left(\dfrac{1}{10}\right)^{55-k}$
④ $\dfrac{{}_{55}\mathrm{C}_k}{(55-k)!}\left(\dfrac{9}{10}\right)^{55-k}\left(\dfrac{1}{10}\right)^{k}$	⑤ $\dfrac{{}_{55}\mathrm{C}_k}{k!}\left(\dfrac{9}{10}\right)^{k}\left(\dfrac{1}{10}\right)^{55-k}$
⑥ ${}_{55}\mathrm{C}_k\left(\dfrac{9}{10}\right)^{55-k}\left(\dfrac{1}{10}\right)^{k}$	⑦ ${}_{55}\mathrm{C}_k\left(\dfrac{9}{10}\right)^{k}\left(\dfrac{1}{10}\right)^{55-k}$

(2)　二項分布 $B(n,\ p)$ に従う確率変数 X が正規分布 $N(np,\ np(1-p))$ に従うと近似することを“DL 近似”ということにする。“DL 近似”によると，このレストランが本日来店する客の全員を収容できる確率は約 ク であるといえる。

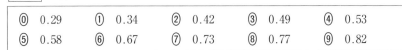

ク の解答群

⓪　0.29	①　0.34	②　0.42	③　0.49	④　0.53
⑤　0.58	⑥　0.67	⑦　0.73	⑧　0.77	⑨　0.82

(3)　標準正規分布に従う確率変数を Z とする。確率変数 X が二項分布 $B(n,\ p)$ に従い，x が整数であるとき，$P(X \leqq x)$ を $P\left(Z \leqq \dfrac{x+\frac{1}{2}-np}{\sqrt{np(1-p)}}\right)$ と近似することを，連続補正（あるいは半整数補正）という。この連続補正（半整数補正）は“DL 近似”のみよりも精度が高いといわれている。
このレストランが本日来店する客の全員を収容できる確率を“DL 近似”および連続補正（半整数補正）によって計算すると ケ であるといえる。

ケ の解答群

⓪　0.29	①　0.34	②　0.42	③　0.49	④　0.53
⑤　0.58	⑥　0.67	⑦　0.73	⑧　0.77	⑨　0.82

(4)　このレストランで入荷したジャガイモの箱から，100 個を無作為に抽出して重さを量ったところ，平均値が 517.6 g であった。重さの母標準偏差を 13.5 g として，ジャガイモ 1 個の重さの平均値を信頼度 95 % で推定すると，母平均に対する信頼度 95 % の信頼区間は次のようになる。ただし，小数第 2 位は四捨五入する。

[コサシ . ス , セソタ . チ]　（単位は g）

平方根の表

n	$\sqrt{n}$	n	$\sqrt{n}$	n	$\sqrt{n}$	n	$\sqrt{n}$
1	1.0000	26	5.0990	51	7.1414	76	8.7178
2	1.4142	27	5.1962	52	7.2111	77	8.7750
3	1.7321	28	5.2915	53	7.2801	78	8.8318
4	2.0000	29	5.3852	54	7.3485	79	8.8882
5	2.2361	30	5.4772	55	7.4162	80	8.9443
6	2.4495	31	5.5678	56	7.4833	81	9.0000
7	2.6458	32	5.6569	57	7.5498	82	9.0554
8	2.8284	33	5.7446	58	7.6158	83	9.1104
9	3.0000	34	5.8310	59	7.6811	84	9.1652
10	3.1623	35	5.9161	60	7.7460	85	9.2195
11	3.3166	36	6.0000	61	7.8102	86	9.2736
12	3.4641	37	6.0828	62	7.8740	87	9.3274
13	3.6056	38	6.1644	63	7.9373	88	9.3808
14	3.7417	39	6.2450	64	8.0000	89	9.4340
15	3.8730	40	6.3246	65	8.0623	90	9.4868
16	4.0000	41	6.4031	66	8.1240	91	9.5394
17	4.1231	42	6.4807	67	8.1854	92	9.5917
18	4.2426	43	6.5574	68	8.2462	93	9.6437
19	4.3589	44	6.6332	69	8.3066	94	9.6954
20	4.4721	45	6.7082	70	8.3666	95	9.7468
21	4.5826	46	6.7823	71	8.4261	96	9.7980
22	4.6904	47	6.8557	72	8.4853	97	9.8489
23	4.7958	48	6.9282	73	8.5440	98	9.8995
24	4.8990	49	7.0000	74	8.6023	99	9.9499
25	5.0000	50	7.0711	75	8.6603	100	10.0000

問題 7 — 3　解答解説

解答記号	ア	イウ.エ	オ.カキ	ク	ケ	コサシ.ス	セソタ.チ
正　解	⑦	49.5	4.95	⑤	⑥	515.0	520.2
チェック							

《二項分布の正規分布による近似，連続補正（半整数補正）》

実用設定　数学的背景

(1)　確率変数 X は二項分布 $B\left(55,\ \frac{9}{10}\right)$ に従う。つまり

$$P(X=k)={}_{55}\mathrm{C}_k\left(\frac{9}{10}\right)^k\left(\frac{1}{10}\right)^{55-k}\quad (k=0,\ 1,\ 2,\ \cdots,\ 55)\quad \boxed{⑦}\quad \to ア$$

である。

また，X の期待値 $E(X)$ は

$$E(X)=55\cdot\frac{9}{10}=\boxed{49}.\boxed{5}\quad \to イウ，エ$$

であり，X の分散 $V(X)$ は

$$V(X)=55\cdot\frac{9}{10}\left(1-\frac{9}{10}\right)=\boxed{4}.\boxed{95}\quad \to オ，カキ$$

である。

(2)　確率変数 X は二項分布 $B\left(55,\ \frac{9}{10}\right)$ に従うので，“DL 近似”により，正規分布 $N(49.5,\ 4.95)$ に近似的に従う。

すると，$Z=\dfrac{X-49.5}{\sqrt{4.95}}$ は標準正規分布 $N(0,\ 1)$ に従う。

$\sqrt{4.95}=\dfrac{3}{10}\sqrt{55}=\dfrac{3}{10}\times 7.4162=2.22486$ より，求める確率は

$$\begin{aligned}P(X\leqq 50)&=P\left(Z\leqq\frac{0.5}{\sqrt{4.95}}\right)\\&=P(Z\leqq 0.22)\\&=0.5+0.0871\\&=0.5871\end{aligned}$$

である。$\boxed{⑤}$　→ク

(3)　連続補正（半整数補正）すると，求める確率は

$$P(X \leqq 50) = P\left(Z \leqq \frac{0.5+\frac{1}{2}}{\sqrt{4.95}}\right) = P\left(Z \leqq \frac{1}{\sqrt{4.95}}\right)$$
$$= P(Z \leqq 0.45)$$
$$= 0.5 + 0.1736$$
$$= 0.6736$$

である。［⑥］→ケ

(4)　母平均に対する信頼度 95％の信頼区間は

$$\left[517.6 - 1.96 \cdot \frac{13.5}{\sqrt{100}},\ 517.6 + 1.96 \cdot \frac{13.5}{\sqrt{100}}\right]$$

つまり

［515.0，520.2］→コサシ，ス，セソタ，チ

である。

参考　来店する人数が 50 人より多い確率は

$$P(X>50) = P(X=51) + P(X=52) + P(X=53) + P(X=54) + P(X=55)$$
$$= {}_{55}C_{51}\left(\frac{9}{10}\right)^{51}\left(\frac{1}{10}\right)^{4} + {}_{55}C_{52}\left(\frac{9}{10}\right)^{52}\left(\frac{1}{10}\right)^{3} + {}_{55}C_{53}\left(\frac{9}{10}\right)^{53}\left(\frac{1}{10}\right)^{2}$$
$$+ {}_{55}C_{54}\left(\frac{9}{10}\right)^{54}\left(\frac{1}{10}\right)^{1} + {}_{55}C_{55}\left(\frac{9}{10}\right)^{55}\left(\frac{1}{10}\right)^{0}$$
$$= \left(\frac{9}{10}\right)^{51}\left(\frac{{}_{55}C_4}{10^4} + \frac{{}_{55}C_3 \times 9}{10^4} + \frac{{}_{55}C_2 \times 9^2}{10^4} + \frac{{}_{55}C_1 \times 9^3}{10^4} + \frac{{}_{55}C_0 \times 9^4}{10^4}\right)$$
$$= \left(\frac{9}{10}\right)^{51} \times \frac{341055 + 236115 + 120285 + 40095 + 6561}{10^4}$$
$$= \left(\frac{9}{10}\right)^{51} \times \frac{744111}{10^4}$$
$$= 0.3451482741$$

より，$P(X \leqq 50) = 0.6548517259$ であるから，“DL 近似”のみよりも連続補正（半整数補正）による近似の方が精度が高いことがわかる。

解説

本問は，二項分布の正規分布による近似とその精密化に関する問題である。二項分布 $B(n,\ p)$ に従う確率変数 X は n が大きいとき，正規分布 $N(np,\ np(1-p))$ に従うものとみなすことができる。

このことを数式で表したのが，次の“ド・モアブル－ラプラスの定理”（中心極限定理と呼ばれる定理の一つ）である。

ド・モアブル-ラプラスの定理

確率変数 X が二項分布 $B(n,\ p)$ に従うとき，X を標準化した確率変数 $Z=\dfrac{X-np}{\sqrt{np(1-p)}}$ は，標準正規分布に従う。すなわち，$a<b$ を満たす任意の $a,\ b$ について

$$\lim_{n\to\infty}P(a<Z<b)=\int_a^b\frac{1}{\sqrt{2\pi}}e^{-\frac{x^2}{2}}dx$$

が成り立つ。

この名前は，フランスの2人の数学者アブラーム・ド・モアブル（Abraham de Moivre，1667年—1754年）とピエール=シモン・ラプラス（Pierre-Simon Laplace，1749年—1827年）にちなむ。

歴史的には，正規分布がド・モアブルによって1733年に導入され，ド・モアブルの結果はラプラスによって拡張された（今日，ド・モアブル-ラプラスの定理と呼ばれている）。

本問では(2)の近似がド・モアブル-ラプラスの定理のことであり，“DL近似”と呼んでいたわけである。

二項分布は有理数で確率が計算できるため，簡単に思うが，その値の計算は面倒である。そこで，表が用意されている正規分布で近似して考えたいわけであるが，当然，近似であるから誤差が生じている。

そもそも二項分布は離散型確率分布であるが，正規分布は連続型確率分布であり，離散（デジタル）と連続（アナログ）の違いがあるわけである。そこで，少しでも近似の精度を高めようというのが，(3)で導入される**連続補正（半整数補正）**である。これは長方形の面積を近似する際に，積分する範囲（確率を考える範囲）を左右に ± 0.5 伸ばすと，“離散と連続のズレが少しはマシになる”といった発想である。

第8章

ベクトル

第8章 ベクトル　傾向分析

従来の『数学Ⅱ・数学B』では，選択問題として20点分が出題されていました。新課程の『数学Ⅱ，数学B，数学C』の試作問題では，2021年度の第1日程の第5問を一部改題して16点分にしたものが出題されました。

従来は「数学B」で扱われる単元でしたが，新課程では「数学C」で扱われています。**位置ベクトル**，**ベクトルの成分表示**，**ベクトルの内積**など，扱われる項目には変更ありません。共通テストでは，平面ベクトルだけでなく，**空間ベクトル**の難易度の高い出題も増えており，「証明」や「方針」の空欄を埋めるものなど，**考察力が問われる**出題となっています。

共通テストでの出題項目

試験	大問	出題項目	配点
新課程 試作問題	第6問 （演習問題8－1）	内積，空間ベクトル 考察・証明	16点
2023本試験	第5問	空間ベクトル，内積	20点
2023追試験	第5問	空間ベクトル，内積	20点
2022本試験	第5問	平面ベクトル 会話設定	20点
2022追試験	第5問	空間ベクトル，内積，2点の位置関係 考察・証明	20点
2021本試験 （第1日程）	第5問	内積，空間ベクトル 考察・証明	20点
2021本試験 （第2日程）	第5問	空間における点の位置	20点

学習指導要領における内容

ア．次のような知識及び技能を身に付けること。

（ア）　平面上のベクトルの意味，相等，和，差，実数倍，位置ベクトル，ベクトルの成分表示について理解すること。

（イ）　ベクトルの内積及びその基本的な性質について理解すること。

（ウ）　座標及びベクトルの考えが平面から空間に拡張できることを理解すること。

イ．次のような思考力，判断力，表現力等を身に付けること。

（ア）　実数などの演算の法則と関連付けて，ベクトルの演算法則を考察すること。

（イ）　ベクトルやその内積の基本的な性質などを用いて，平面図形や空間図形の性質を見いだしたり，多面的に考察したりすること。

（ウ）　数量や図形及びそれらの関係に着目し，日常の事象や社会の事象などを数学的に捉え，ベクトルやその内積の考えを問題解決に活用すること。

問題 8 − 1　演習問題

試作問題　第6問

1辺の長さが1の正五角形の対角線の長さを a とする。

(1)　1辺の長さが1の正五角形 $OA_1B_1C_1A_2$ を考える。

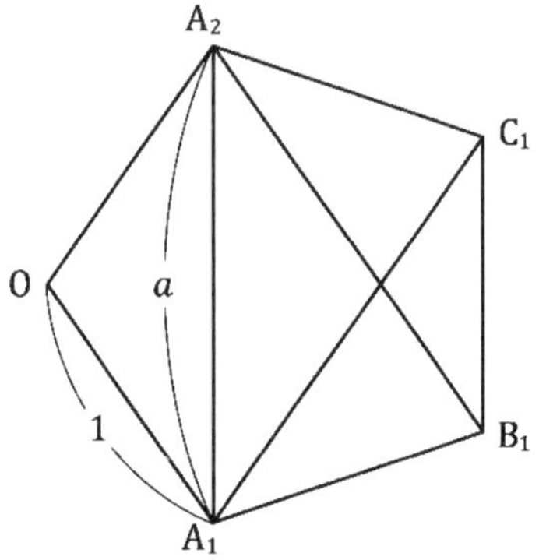

正五角形の性質から $\overrightarrow{A_1A_2}$ と $\overrightarrow{B_1C_1}$ は平行であり，ここでは

$$\overrightarrow{A_1A_2} = \boxed{\text{ア}}\ \overrightarrow{B_1C_1}$$

であるから

$$\overrightarrow{B_1C_1} = \frac{1}{\boxed{\text{ア}}}\overrightarrow{A_1A_2} = \frac{1}{\boxed{\text{ア}}}\left(\overrightarrow{OA_2} - \overrightarrow{OA_1}\right)$$

また，$\overrightarrow{OA_1}$ と $\overrightarrow{A_2B_1}$ は平行で，さらに，$\overrightarrow{OA_2}$ と $\overrightarrow{A_1C_1}$ も平行であることから

$$\begin{aligned}\overrightarrow{B_1C_1} &= \overrightarrow{B_1A_2} + \overrightarrow{A_2O} + \overrightarrow{OA_1} + \overrightarrow{A_1C_1}\\ &= -\boxed{\text{ア}}\ \overrightarrow{OA_1} - \overrightarrow{OA_2} + \overrightarrow{OA_1} + \boxed{\text{ア}}\ \overrightarrow{OA_2}\\ &= \left(\boxed{\text{イ}} - \boxed{\text{ウ}}\right)\left(\overrightarrow{OA_2} - \overrightarrow{OA_1}\right)\end{aligned}$$

となる。したがって

$$\frac{1}{\boxed{\text{ア}}} = \boxed{\text{イ}} - \boxed{\text{ウ}}$$

が成り立つ。$a > 0$ に注意してこれを解くと，$a = \dfrac{1+\sqrt{5}}{2}$ を得る。

⑵　下の図のような，1 辺の長さが 1 の正十二面体を考える。正十二面体とは，どの面もすべて合同な正五角形であり，どの頂点にも三つの面が集まっているへこみのない多面体のことである。

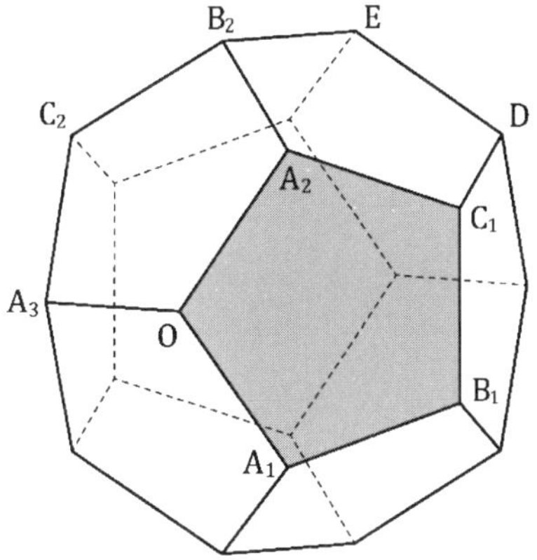

面$OA_1B_1C_1A_2$に着目する。$\overrightarrow{OA_1}$と$\overrightarrow{A_2B_1}$が平行であることから

$$\overrightarrow{OB_1}=\overrightarrow{OA_2}+\overrightarrow{A_2B_1}=\overrightarrow{OA_2}+\boxed{\text{ア}}\,\overrightarrow{OA_1}$$

である。また

$$\overrightarrow{OA_1}\cdot\overrightarrow{OA_2}=\frac{\boxed{\text{エ}}-\sqrt{\boxed{\text{オ}}}}{\boxed{\text{カ}}}$$

である。

ただし，$\boxed{\text{エ}}$ ～ $\boxed{\text{カ}}$ は，文字 a を用いない形で答えること。

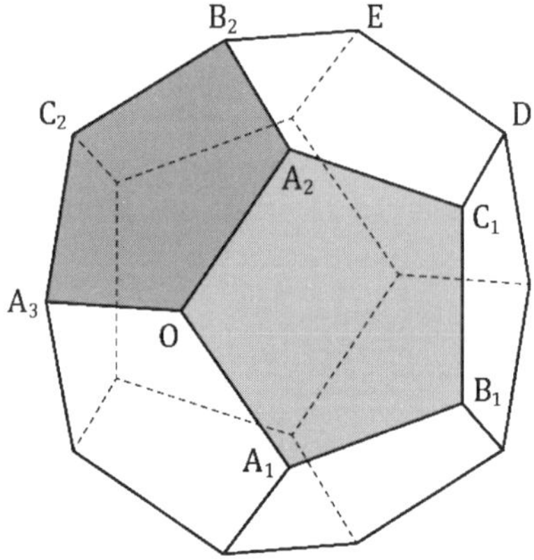

次に，面$OA_2B_2C_2A_3$に着目すると

$$\overrightarrow{OB_2} = \overrightarrow{OA_3} + \boxed{\text{ア}}\,\overrightarrow{OA_2}$$

である。さらに

$$\overrightarrow{OA_2} \cdot \overrightarrow{OA_3} = \overrightarrow{OA_3} \cdot \overrightarrow{OA_1} = \frac{\boxed{\text{エ}} - \sqrt{\boxed{\text{オ}}}}{\boxed{\text{カ}}}$$

が成り立つことがわかる。ゆえに

$$\overrightarrow{OA_1} \cdot \overrightarrow{OB_2} = \boxed{\text{キ}}, \quad \overrightarrow{OB_1} \cdot \overrightarrow{OB_2} = \boxed{\text{ク}}$$

である。

キ，ク の解答群（同じものを繰り返し選んでもよい。）

⓪ 0	① 1	② -1	③ $\frac{1+\sqrt{5}}{2}$
④ $\frac{1-\sqrt{5}}{2}$	⑤ $\frac{-1+\sqrt{5}}{2}$	⑥ $\frac{-1-\sqrt{5}}{2}$	⑦ $-\frac{1}{2}$
⑧ $\frac{-1+\sqrt{5}}{4}$	⑨ $\frac{-1-\sqrt{5}}{4}$		

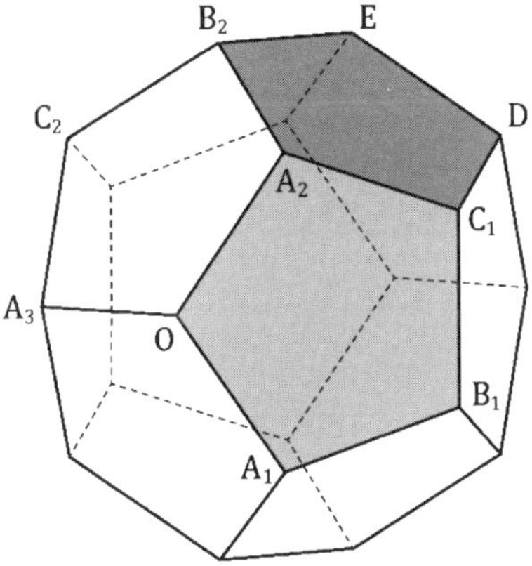

最後に，面 $A_2C_1DEB_2$ に着目する。

$\overrightarrow{B_2D} =$ ［ア］ $\overrightarrow{A_2C_1} = \overrightarrow{OB_1}$

であることに注意すると，4 点 O，B_1，D，B_2 は同一平面上にあり，四角形 OB_1DB_2 は ［ケ］ ことがわかる。

［ケ］の解答群

⓪ 正方形である
① 正方形ではないが，長方形である
② 正方形ではないが，ひし形である
③ 長方形でもひし形でもないが，平行四辺形である
④ 平行四辺形ではないが，台形である
⑤ 台形でない

ただし，少なくとも一組の対辺が平行な四角形を台形という。

問題 8 — 1 解答解説

解答記号	ア	イ − ウ	$\frac{\text{エ}-\sqrt{\text{オ}}}{\text{カ}}$	キ	ク	ケ
正 解	a	$a-1$	$\frac{1-\sqrt{5}}{4}$	⑨	⓪	⓪
チェック						

《内積，空間ベクトル》 考察・証明

(1) 与えられた正五角形の1辺の長さは1，対角線の長さはaである。よって

$$\overrightarrow{A_1A_2}=\boxed{a}\,\overrightarrow{B_1C_1} \quad \rightarrow \text{ア}$$

であるから

$$\overrightarrow{B_1C_1}=\frac{1}{a}\overrightarrow{A_1A_2}=\frac{1}{a}(\overrightarrow{OA_2}-\overrightarrow{OA_1})$$

また，$\overrightarrow{OA_1}$ と $\overrightarrow{A_2B_1}$ は平行で，さらに，$\overrightarrow{OA_2}$ と $\overrightarrow{A_1C_1}$ も平行であることから

$$\overrightarrow{B_1C_1}=\overrightarrow{B_1A_2}+\overrightarrow{A_2O}+\overrightarrow{OA_1}+\overrightarrow{A_1C_1}=-a\overrightarrow{OA_1}-\overrightarrow{OA_2}+\overrightarrow{OA_1}+a\overrightarrow{OA_2}$$

$$=(a-1)\overrightarrow{OA_2}-(a-1)\overrightarrow{OA_1}=(\boxed{a}-\boxed{1})(\overrightarrow{OA_2}-\overrightarrow{OA_1}) \quad \rightarrow \text{イ，ウ}$$

となる。したがって，$\frac{1}{a}=a-1$ が成り立つ。

分母を払って整理すると，$a^2-a-1=0$ となるから

$$a=\frac{1\pm\sqrt{1+4}}{2}=\frac{1\pm\sqrt{5}}{2}$$

$a>0$ より，$a=\frac{1+\sqrt{5}}{2}$ を得る。

(2) 1辺の長さが1の正十二面体（右図）において，面 $OA_1B_1C_1A_2$ に着目する。$\overrightarrow{OA_1}$ と $\overrightarrow{A_2B_1}$ が平行であることから

$$\overrightarrow{OB_1}=\overrightarrow{OA_2}+\overrightarrow{A_2B_1}=\overrightarrow{OA_2}+a\overrightarrow{OA_1}$$

である。また

$$|\overrightarrow{OA_2}-\overrightarrow{OA_1}|^2=|\overrightarrow{A_1A_2}|^2=a^2$$

$$=\left(\frac{1+\sqrt{5}}{2}\right)^2=\frac{1+2\sqrt{5}+5}{4}$$

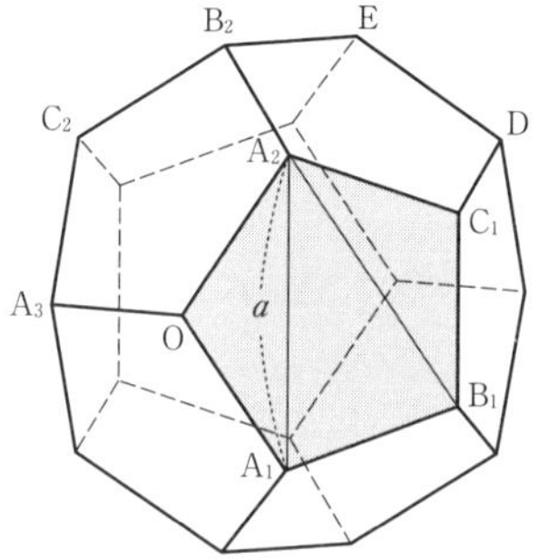

$$=\frac{3+\sqrt{5}}{2}$$

に注意して

$$|\overrightarrow{OA_2}-\overrightarrow{OA_1}|^2=(\overrightarrow{OA_2}-\overrightarrow{OA_1})\cdot(\overrightarrow{OA_2}-\overrightarrow{OA_1})=|\overrightarrow{OA_2}|^2-2\overrightarrow{OA_1}\cdot\overrightarrow{OA_2}+|\overrightarrow{OA_1}|^2$$

$$=1^2-2\overrightarrow{OA_1}\cdot\overrightarrow{OA_2}+1^2=2(1-\overrightarrow{OA_1}\cdot\overrightarrow{OA_2})$$

より，$2(1-\overrightarrow{OA_1}\cdot\overrightarrow{OA_2})=\dfrac{3+\sqrt{5}}{2}$ が成り立ち

$$\overrightarrow{OA_1}\cdot\overrightarrow{OA_2}=1-\frac{3+\sqrt{5}}{4}=\frac{\boxed{1}-\sqrt{\boxed{5}}}{\boxed{4}}$$ →エ，オ，カ

である。

次に，面 $OA_2B_2C_2A_3$（右図）に着目すると

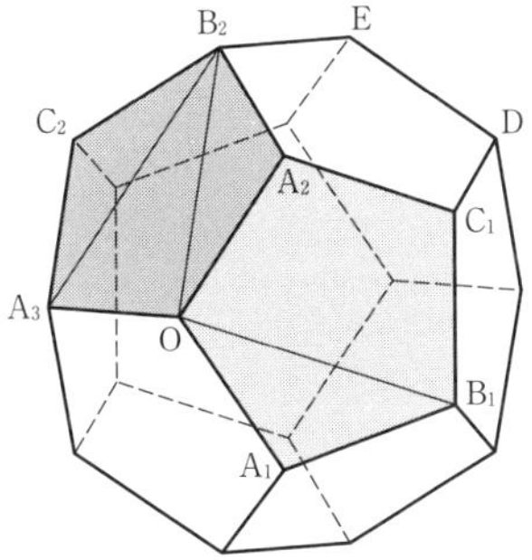

$$\overrightarrow{OB_2}=\overrightarrow{OA_3}+\overrightarrow{A_3B_2}=\overrightarrow{OA_3}+a\overrightarrow{OA_2}$$

である。さらに，対称性により

$$\overrightarrow{OA_2}\cdot\overrightarrow{OA_3}=\overrightarrow{OA_3}\cdot\overrightarrow{OA_1}=\overrightarrow{OA_1}\cdot\overrightarrow{OA_2}=\frac{1-\sqrt{5}}{4}$$

が成り立つことがわかる。ゆえに

$$\overrightarrow{OA_1}\cdot\overrightarrow{OB_2}=\overrightarrow{OA_1}\cdot(\overrightarrow{OA_3}+a\overrightarrow{OA_2})$$

$$=\overrightarrow{OA_1}\cdot\overrightarrow{OA_3}+a\overrightarrow{OA_1}\cdot\overrightarrow{OA_2}$$

$$=\frac{1-\sqrt{5}}{4}+\frac{1+\sqrt{5}}{2}\times\frac{1-\sqrt{5}}{4}$$

$$=\frac{1-\sqrt{5}}{4}+\frac{1-5}{8}=\frac{-1-\sqrt{5}}{4}$$ $\boxed{⑨}$ →キ

$$\overrightarrow{OB_1}\cdot\overrightarrow{OB_2}=(\overrightarrow{OA_2}+a\overrightarrow{OA_1})\cdot(\overrightarrow{OA_3}+a\overrightarrow{OA_2})$$

$$=\overrightarrow{OA_2}\cdot\overrightarrow{OA_3}+a|\overrightarrow{OA_2}|^2+a\overrightarrow{OA_1}\cdot\overrightarrow{OA_3}+a^2\overrightarrow{OA_1}\cdot\overrightarrow{OA_2}$$

$$=\frac{1-\sqrt{5}}{4}+\frac{1+\sqrt{5}}{2}\times1^2+\frac{1+\sqrt{5}}{2}\times\frac{1-\sqrt{5}}{4}+\frac{3+\sqrt{5}}{2}\times\frac{1-\sqrt{5}}{4}$$

$$=\frac{1-\sqrt{5}}{4}+\frac{1+\sqrt{5}}{2}+\frac{1-5}{8}+\frac{-2-2\sqrt{5}}{8}$$

$$=\frac{3+\sqrt{5}}{4}-\frac{1}{2}+\frac{-1-\sqrt{5}}{4}$$

$$=\mathbf{0}$$ $\boxed{⓪}$ →ク

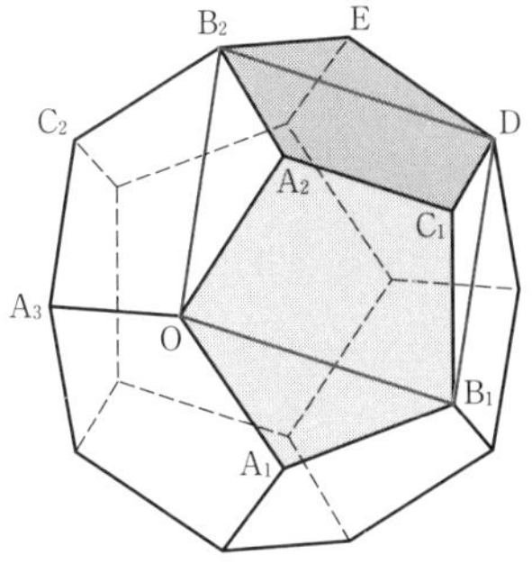

である。これは，$\angle B_1OB_2=90°$ であることを意味している。

最後に，面 $A_2C_1DEB_2$（右図）に着目する。

$$\overrightarrow{B_2D}=a\overrightarrow{A_2C_1}=\overrightarrow{OB_1}$$

であることに注意すると，4点O，B_1，D，B_2 は同一平面上にあり，$OB_1=OB_2$，$\angle B_1OB_2=90°$ であることから，四角形 OB_1DB_2 は**正方形である** ⓪ →ケ ことがわかる。

解説

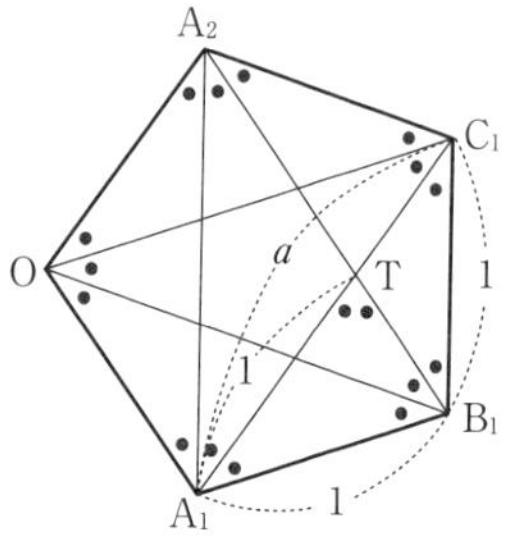

(1)　問題文では，$\overrightarrow{B_1C_1}=\dfrac{1}{a}\overrightarrow{A_1A_2}$ かつ

$\overrightarrow{B_1C_1}=(a-1)\overrightarrow{A_1A_2}$ より，$\dfrac{1}{a}=a-1$ が導かれている。

このことは，右図を見るとわかりやすい。

$\triangle B_1C_1A_1\backsim\triangle TB_1C_1$ より，$TC_1=\dfrac{1}{a}$ がわかり，

$\triangle A_1B_1T$ が $A_1B_1=A_1T=1$ の二等辺三角形であることより，$TC_1=a-1$ がわかる。

よって，$\dfrac{1}{a}=a-1$ が得られ，これより $a=\dfrac{1+\sqrt{5}}{2}$ とわかる。

なお，問題文で，$\overrightarrow{B_1C_1}=\overrightarrow{B_1A_2}+\overrightarrow{A_2O}+\overrightarrow{OA_1}+\overrightarrow{A_1C_1}$ としてあるのは，$\overrightarrow{B_1C_1}$ を $\overrightarrow{OA_1}$ と $\overrightarrow{OA_2}$ だけで表そうとしているからで，$\overrightarrow{B_1A_2}=a\overrightarrow{A_1O}=-a\overrightarrow{OA_1}$ などとなる。

(2)　ここでは内積の計算がポイントになる。

> **ポイント**　**内積の基本性質**
>
> ベクトルの大きさと内積の関係 $|\vec{a}|^2=\vec{a}\cdot\vec{a}$ は重要である。
> 計算規則として次のことが成り立つので，整式の展開計算と同様の計算ができる。
>
> $\vec{a}\cdot\vec{b}=\vec{b}\cdot\vec{a}$　（交換法則）
>
> $\vec{a}\cdot(\vec{b}+\vec{c})=\vec{a}\cdot\vec{b}+\vec{a}\cdot\vec{c}$　（分配法則）
>
> $(m\vec{a})\cdot\vec{b}=\vec{a}\cdot(m\vec{b})=m(\vec{a}\cdot\vec{b})$　（m は実数）
>
> また，$\vec{a}\cdot\vec{b}=0$，$\vec{a}\neq\vec{0}$，$\vec{b}\neq\vec{0}$ のとき $\vec{a}\perp\vec{b}$ である。

$\overrightarrow{OA_1}\cdot\overrightarrow{OA_2}$ の値は，図形的定義に従って求めることもできる。正五角形の内角は108°であるので

$$\overrightarrow{OA_1}\cdot\overrightarrow{OA_2}=|\overrightarrow{OA_1}||\overrightarrow{OA_2}|\cos\angle A_2OA_1=1\times1\times\cos108°$$

となる。ここで $\triangle OA_1A_2$ に余弦定理を用いて，$a^2=1^2+1^2-2\times1\times1\times\cos108°$ であるから，$\cos108°=\dfrac{2-a^2}{2}$ となり，$\overrightarrow{OA_1}\cdot\overrightarrow{OA_2}=\dfrac{2-a^2}{2}=\dfrac{1}{2}\left\{2-\left(\dfrac{1+\sqrt{5}}{2}\right)^2\right\}=\dfrac{1-\sqrt{5}}{4}$ が求まる。

以降は空間ベクトルとなるが，図形の対称性を考慮することが大切である。

$\overrightarrow{OA_1}\cdot\overrightarrow{OB_2}$，$\overrightarrow{OB_1}\cdot\overrightarrow{OB_2}$ の計算では，ベクトルをすべて $\overrightarrow{OA_1}$，$\overrightarrow{OA_2}$，$\overrightarrow{OA_3}$ で表そうと考えるとよい。

問題 8 — 2 演習問題

オリジナル問題

太郎さんと花子さんは放課後，黒板に描かれた図を眺めながら話をしている。会話を読んで，下の問いに答えよ。

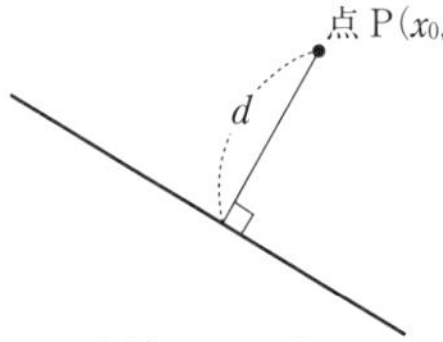

太郎：今日の授業では，点と直線の距離を表す公式を学んだね。

花子：そうだね。xy 平面上で，点 P$(x_0,\ y_0)$ と直線 $l：ax+by+c=0$ との距離 d は

$$d=\frac{|ax_0+by_0+c|}{\sqrt{a^2+b^2}}$$

となるのだったね。先生のプリントに掲載されていた，直線の単位法線ベクトルを用いた内積による証明はよく理解できたんだけど，他の見方はないのかな。

太郎：ぼくも授業中に同じことを考えていたんだ。そこで，ぼくは

$$d=\frac{1}{\sqrt{a^2+b^2}}\times|ax_0+by_0+c|$$

という見方をしてみたよ。

花子：なるほど。$\dfrac{n}{m}$ を $n\div m$ として捉えるのではなく，$\dfrac{1}{m}$ を単位とみて，その単位を n 倍するという見方だね。でも，$\dfrac{1}{\sqrt{a^2+b^2}}$ や $|ax_0+by_0+c|$ は何を表しているの？

太郎：$l：ax+by+c=0$ と $l'：ax+by+(c-1)=0$ の 2 本の直線を比較してみるとうまく解釈できることに気づいて，いろいろと考えてみたんだ。便宜的に $a>0$，$b>0$ としてみるね。他の場合も同様に考えることができることは，最後まで説明を聞いてもらえばわかるよ。

まず，$l: ax+by+c=0$ の法線ベクトルの１つが $(a,\ b)$ であることを考えて，これを図に描き込んでみるね。

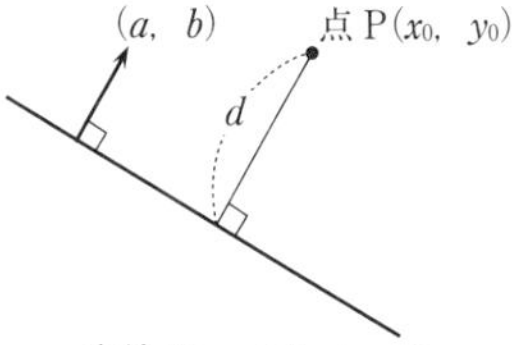

花子：直線 l' はこの図のどこに描けるのかな？

太郎：それは l' の式を

$$a\left(x-\frac{a}{a^2+b^2}\right)+b\left(y-\frac{b}{a^2+b^2}\right)+c=0$$

と変形すればわかるよ。

花子：すると，l' は l を x 軸方向に［ア］，y 軸方向に［イ］だけ平行移動したものになるね。

太郎：しかも，ベクトル（［ア］，［イ］）と l の法線ベクトルの１つ $(a,\ b)$ は，［ウ］になっているよ。

［ア］，［イ］の解答群

⓪ $\dfrac{a}{a^2+b^2}$	① $\dfrac{b}{a^2+b^2}$	② $\dfrac{-a}{a^2+b^2}$	③ $\dfrac{-b}{a^2+b^2}$
④ $\dfrac{a^2}{a^2+b^2}$	⑤ $\dfrac{b^2}{a^2+b^2}$	⑥ $\dfrac{-a^2}{a^2+b^2}$	⑦ $\dfrac{-b^2}{a^2+b^2}$

［ウ］の解答群

⓪ 同じ向き	① なす角が 30°	② なす角が 45°
③ なす角が 60°	④ 垂直	⑤ なす角が 120°
⑥ なす角が 135°	⑦ なす角が 150°	⑧ 逆向き

8－2

花子：l と l' の距離を d' とすると，d' は

$$d'=\frac{1}{\sqrt{a^2+b^2}}$$

となるね。

太郎：つまり，定数項が1だけ異なる2直線の距離が $d'=\frac{1}{\sqrt{a^2+b^2}}$ となるということだよ。

花子：なるほど。c と $c-1$ では差が1だね。定数項の差が1につき，2直線は距離 d' だけずれるということは，l''：$ax+by-2c=0$ と l との距離 d'' は

$$d''=d'\times\boxed{\text{エ}}=\frac{1}{\sqrt{a^2+b^2}}\times\boxed{\text{エ}}$$

となるね。

太郎：すると，点 $(x_0,\ y_0)$ を通り，直線 l に平行な直線 l_0 の式は

$\boxed{\text{オ}}$

だから，距離 d は

$$\begin{aligned}d&=d'\times|c-(-ax_0-by_0)|\\&=d'\times|ax_0+by_0+c|\\&=\frac{1}{\sqrt{a^2+b^2}}\times|ax_0+by_0+c|\end{aligned}$$

となるよ。

$\boxed{\text{エ}}$ の解答群

⓪ c　① $-c$　② $|c|$　③ $2c$　④ $-2c$
⑤ $|2c|$　⑥ $3c$　⑦ $-3c$　⑧ $|3c|$

$\boxed{\text{オ}}$ の解答群

⓪ $a(x+x_0)+b(y+y_0)=0$　① $a(x+x_0)+b(y-y_0)=0$
② $a(x-x_0)+b(y+y_0)=0$　③ $a(x-x_0)+b(y-y_0)=0$
④ $b(x+x_0)-a(y+y_0)=0$　⑤ $b(x+x_0)-a(y-y_0)=0$
⑥ $b(x-x_0)-a(y+y_0)=0$　⑦ $b(x-x_0)-a(y-y_0)=0$

問題　8－2　解答解説

解答記号	ア	イ	ウ	エ	オ
正　解	⓪	①	⓪	⑧	③
チェック					

《直線の法線ベクトルによる点と直線の距離の公式の解釈》

会話設定　考察・証明

$l'：ax+by+(c-1)=0$ に対して，$1=\dfrac{a^2+b^2}{a^2+b^2}=\dfrac{a^2}{a^2+b^2}+\dfrac{b^2}{a^2+b^2}$ に注目して，l' の式を

$$a\left(x-\frac{a}{a^2+b^2}\right)+b\left(y-\frac{b}{a^2+b^2}\right)+c=0$$

と変形する。

すると，この式から，l' は l を x 軸方向に $\dfrac{\boldsymbol{a}}{\boldsymbol{a^2+b^2}}$ ⓪ →ア，y 軸方向に $\dfrac{\boldsymbol{b}}{\boldsymbol{a^2+b^2}}$ ① →イ だけ平行移動したものとわかる。

$\vec{n}=\left(\dfrac{a}{a^2+b^2},\ \dfrac{b}{a^2+b^2}\right)$ とすると，$\vec{n}=\dfrac{1}{a^2+b^2}(a,\ b)$ であり，$a^2+b^2>0$ より，$\vec{n}$ とベクトル $(a,\ b)$ は**同じ向き** ⓪ →ウ である。

黒板の図に l' を描き込むと，下のようになる。

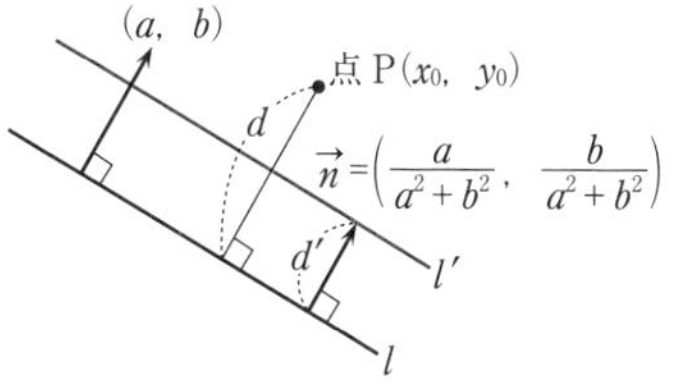

すると，$l\perp\vec{n}$ かつ $l'\perp\vec{n}$ であるから，l と l' の距離 d' は

$$d'=|\vec{n}|=\sqrt{\left(\frac{a}{a^2+b^2}\right)^2+\left(\frac{b}{a^2+b^2}\right)^2}=\frac{1}{\sqrt{a^2+b^2}}$$

とわかる。

同様に，$l：ax+by+c=0$ と $l''：ax+by-2c=0$ の距離 d'' は

$$d''=d'\times|c-(-2c)|=d'\times|\boldsymbol{3c}|=\frac{1}{\sqrt{a^2+b^2}}\times|3c|$$ ⑧ →エ

とわかる。

次に，l_0 の式は

$$l_0 : \boldsymbol{a}(\boldsymbol{x}-\boldsymbol{x}_0)+\boldsymbol{b}(\boldsymbol{y}-\boldsymbol{y}_0)=\boldsymbol{0} \quad \boxed{③} \quad \to オ$$

すなわち

$$l_0 : ax+by+(-ax_0-by_0)=0$$

であるから，l と点 $(x_0,\ y_0)$ との距離 d は l と l_0 の距離に等しく

$$\begin{aligned} d &= d' \times |c-(-ax_0-by_0)| \\ &= d' \times |ax_0+by_0+c| \\ &= \frac{1}{\sqrt{a^2+b^2}} \times |ax_0+by_0+c| \end{aligned}$$

といえる。

解説

本問は，xy 平面上における“点と直線の距離の公式”をベクトルによって理解することを目標とした問いである。導入部分の花子さんの発言にある「直線の単位法線ベクトルを用いた内積による証明」も有名なので，ここで解説しておく。

直線 $l : ax+by+c=0$ の法線ベクトル $(a,\ b)$ の実数倍になっている

$$\vec{e}=\left(\frac{a}{\sqrt{a^2+b^2}},\ \frac{b}{\sqrt{a^2+b^2}}\right)$$

は

$$|\vec{e}|=\sqrt{\left(\frac{a}{\sqrt{a^2+b^2}}\right)^2+\left(\frac{b}{\sqrt{a^2+b^2}}\right)^2}=1$$

を満たすので，この単位ベクトル $\vec{e}$ は，直線 $ax+by+c=0$ の法線ベクトルである。

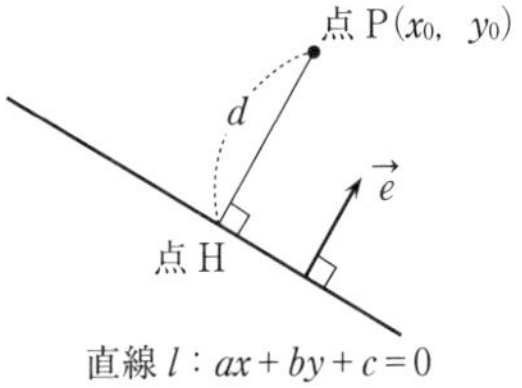

点 P$(x_0,\ y_0)$ から l に下ろした垂線と l との交点（垂線の足）を点 H$(x_1,\ y_1)$ とすると，d は

$$d=|\overrightarrow{\mathrm{HP}} \cdot \vec{e}|$$

と書ける。ここで，絶対値がついているのは，$\overrightarrow{\mathrm{HP}}$ と $\vec{e}$ が同じ向きでも逆向きでも正しい値を算出できるようにするためである。

$\overrightarrow{\mathrm{HP}}=(x_0-x_1,\ y_0-y_1)$ より，この内積を成分を用いて計算すると，点Hが直線 l 上にあることから $ax_1+by_1+c=0$ にも注意して

$$\overrightarrow{\mathrm{HP}}\cdot\vec{e}=\frac{1}{\sqrt{a^2+b^2}}\{a(x_0-x_1)+b(y_0-y_1)\}$$

$$=\frac{1}{\sqrt{a^2+b^2}}(ax_0+by_0+c)$$

となるので

$$d=\frac{|ax_0+by_0+c|}{\sqrt{a^2+b^2}}$$

が得られる。

問題 8－3　演習問題

オリジナル問題

太郎：図書室で数学の勉強をしていたら，幾何学辞典にこんな記述を見つけたよ。

幾何学辞典の記述

三角形について，ド・ロンシャン点はオイラー線上にある。
また，内心，ジュルゴンヌ点，ド・ロンシャン点は同一直線上にある。
この線をソディ線という。

花子：ベクトルの単元では，「3点が同一直線上にあることを示せ」という問題がよくテストに出ていたね。三角形の内心は知っているけど，それ以外の用語は知らないな。
太郎：そこで，幾何学辞典でこれらの用語を調べてみたんだ。まとめたのがこのノートだよ。

太郎のノート

三角形について，**ド・ロンシャン点**とは，「外心に関して垂心と対称な点」のこと。

（正三角形でない）三角形において，垂心，重心，外心は同一直線上にある。この直線を**オイラー線**という。垂心と重心との距離は，重心と外心との距離の2倍である。

三角形の内接円と各辺との接点と向かい合う頂点とを結んだ3本の直線は1点で交わる。この点を**ジュルゴンヌ点**という。

花子：具体的な三角形で一つずつ内容を確認してみようよ。

(1)　$OA=5$，$AB=7$，$OB=8$ である三角形OABについて，$\overrightarrow{OA}=\vec{a}$，$\overrightarrow{OB}=\vec{b}$ とおく。また，外心をP，内心をI，重心をG，垂心をH，ジュルゴンヌ点をG_e，ド・ロンシャン点をLとする。

このとき

$\vec{a}\cdot\vec{b}=$ アイ

である。

重心Gについては　$\overrightarrow{OG}=\dfrac{\vec{a}+\vec{b}}{\boxed{ウ}}$

外心は エ，内心は オ，垂心は カ であるから，その特徴をベクトルで立式すると，外心Pは キ を満たし，垂心Hは ク を満たす。したがって

内心Ｉについては　$\overrightarrow{OI}=\boxed{ケ}\vec{a}+\boxed{コ}\vec{b}$

外心Pについては　$\overrightarrow{OP}=\boxed{サ}\vec{a}+\boxed{シ}\vec{b}$

垂心Hについては　$\overrightarrow{OH}=\boxed{ス}\vec{a}+\boxed{セ}\vec{b}$

となる。

エ ～ カ の解答群

⓪　3本の中線の交点
①　3本の内角の二等分線の交点
②　3本の辺の垂直二等分線の交点
③　頂点から対辺に下ろした3本の垂線の交点

キ の解答群

⓪　$\overrightarrow{OP}\cdot\vec{a}=|\vec{a}|^2$ かつ $\overrightarrow{OP}\cdot\vec{b}=|\vec{b}|^2$
①　$\overrightarrow{OP}\cdot\vec{a}=\dfrac{1}{2}|\vec{a}|^2$ かつ $\overrightarrow{OP}\cdot\vec{b}=\dfrac{1}{2}|\vec{b}|^2$
②　$\overrightarrow{OP}\cdot\vec{a}=\dfrac{1}{3}|\vec{a}|^2$ かつ $\overrightarrow{OP}\cdot\vec{b}=\dfrac{1}{3}|\vec{b}|^2$
③　$\overrightarrow{OP}\cdot\vec{a}=\overrightarrow{OP}\cdot\vec{b}=\vec{a}\cdot\vec{b}$
④　$\overrightarrow{OP}\cdot\vec{a}=\overrightarrow{OP}\cdot\vec{b}=\dfrac{1}{2}\vec{a}\cdot\vec{b}$
⑤　$\overrightarrow{OP}\cdot\vec{a}=\overrightarrow{OP}\cdot\vec{b}=\dfrac{1}{3}\vec{a}\cdot\vec{b}$

ク の解答群

⓪　$\overrightarrow{OH}\cdot\vec{a}=|\vec{a}|^2$ かつ $\overrightarrow{OH}\cdot\vec{b}=|\vec{b}|^2$
①　$\overrightarrow{OH}\cdot\vec{a}=\dfrac{1}{2}|\vec{a}|^2$ かつ $\overrightarrow{OH}\cdot\vec{b}=\dfrac{1}{2}|\vec{b}|^2$
②　$\overrightarrow{OH}\cdot\vec{a}=\dfrac{1}{3}|\vec{a}|^2$ かつ $\overrightarrow{OH}\cdot\vec{b}=\dfrac{1}{3}|\vec{b}|^2$
③　$\overrightarrow{OH}\cdot\vec{a}=\overrightarrow{OH}\cdot\vec{b}=\vec{a}\cdot\vec{b}$
④　$\overrightarrow{OH}\cdot\vec{a}=\overrightarrow{OH}\cdot\vec{b}=\dfrac{1}{2}\vec{a}\cdot\vec{b}$
⑤　$\overrightarrow{OH}\cdot\vec{a}=\overrightarrow{OH}\cdot\vec{b}=\dfrac{1}{3}\vec{a}\cdot\vec{b}$

［ケ］～［セ］の解答群

⓪	$\frac{2}{5}$	①	$\frac{2}{13}$	②	$\frac{1}{12}$	③	$\frac{8}{17}$	④	$\frac{11}{15}$
⑤	$\frac{2}{15}$	⑥	$\frac{1}{4}$	⑦	$\frac{3}{13}$	⑧	$\frac{4}{17}$	⑨	$\frac{11}{24}$

花子：すると，確かに，$\overrightarrow{\mathrm{HG}}=2\overrightarrow{\mathrm{GP}}$ が成り立っているね。
太郎：本当だ。この三角形OABについては，「垂心，重心，外心は同一直線上にあり，垂心と重心との距離は，重心と外心との距離の2倍である」ことが確認できたね。
花子：3点H，G，Pを通る直線をオイラー線というわけだね。
太郎：次に，ド・ロンシャン点Lについて考えていこう。

(2)　外心Pと垂心Hの位置が計算できているので，ド・ロンシャン点の定義［ソ］，［タ］，［チ］，［ツ］から，$\overrightarrow{\mathrm{OL}}=-\frac{7}{15}\vec{a}+\frac{5}{6}\vec{b}$ が得られる。
すなわち「ド・ロンシャン点がオイラー線上にある」ことは定義から明らかである。

［ソ］～［ツ］の解答群（解答の順序は問わない。）

⓪	$\overrightarrow{\mathrm{PH}}=-\overrightarrow{\mathrm{PL}}$	①	$\overrightarrow{\mathrm{HL}}=\overrightarrow{\mathrm{LP}}$	②	$\overrightarrow{\mathrm{LH}}=2\overrightarrow{\mathrm{PL}}$	③	$\overrightarrow{\mathrm{PH}}=\overrightarrow{\mathrm{PL}}$
④	$\overrightarrow{\mathrm{LP}}+\overrightarrow{\mathrm{PH}}=\vec{0}$	⑤	$\overrightarrow{\mathrm{OP}}=\frac{\overrightarrow{\mathrm{OH}}+\overrightarrow{\mathrm{OL}}}{2}$	⑥	$\overrightarrow{\mathrm{HP}}+\overrightarrow{\mathrm{PL}}=\vec{0}$	⑦	$\overrightarrow{\mathrm{HL}}=2\overrightarrow{\mathrm{LP}}$
⑧	$\overrightarrow{\mathrm{HL}}=2\overrightarrow{\mathrm{PL}}$	⑨	$\overrightarrow{\mathrm{PL}}+\overrightarrow{\mathrm{PH}}=\vec{0}$				

花子：最後は，ジュルゴンヌ点だね。定義をきちんと確認するために，図を描き直してみよう。

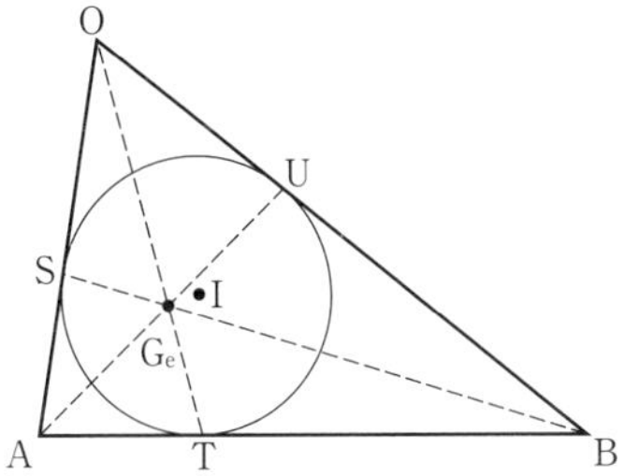

(3)　三角形OABと内接円との接点を図のようにS，T，Uとする。

OS＝OU，AS＝AT，BT＝BUであることに注意すると，チェバの定理の逆から，3本の直線AU，BS，OTは1点で交わることがわかる。この交点がジュルゴンヌ点である。なお

OS＝OU＝［テ］，　AS＝AT＝［ト］，　BT＝BU＝［ナ］

である。

三角形OATと直線BSについて，メネラウスの定理を適用することで，$OG_e : G_eT$ がわかるので

$\overrightarrow{OG_e}=$ ［ニ］ $\vec{a}+$ ［ヌ］ $\vec{b}$

と計算できる。これですべての点の位置が把握でき，$\overrightarrow{IG_e}=$ ［ネ］ $\overrightarrow{IL}$ が成り立っている。

太郎：$\overrightarrow{IG_e}$ と $\overrightarrow{IL}$ が実数倍の関係になっているということから，この三角形OABについて，「内心，ジュルゴンヌ点，ド・ロンシャン点は同一直線上にある」ことが確認できたね。

花子：3点I，G_e，Lを通る直線をソディ線というんだね。神秘的だね。

［ニ］，［ヌ］の解答群

⓪ $\frac{14}{17}$	① $\frac{15}{31}$	② $\frac{6}{13}$	③ $\frac{13}{31}$	④ $\frac{7}{13}$
⑤ $\frac{1}{3}$	⑥ $\frac{12}{17}$	⑦ $\frac{21}{31}$	⑧ $\frac{5}{31}$	⑨ $\frac{6}{31}$

ネ の解答群

⓪ $\frac{14}{31}$	① $\frac{15}{31}$	② $-\frac{6}{13}$	③ $-\frac{13}{31}$	④ $\frac{6}{13}$
⑤ $-\frac{3}{31}$	⑥ $\frac{17}{3}$	⑦ $\frac{21}{31}$	⑧ $-\frac{5}{31}$	⑨ $\frac{3}{13}$

問題 8 — 3　解答解説

解答記号	アイ	ウ	エ	オ	カ	キ	ク	ケ	コ	サ	シ	ス	セ	ソ，タ，チ，ツ
正　解	20	3	②	①	③	①	③	⓪	⑥	⑤	⑨	④	②	⓪，⑤，⑧，⑨ (解答の順序は問わない)
チェック														

解答記号	テ	ト	ナ	ニ	ヌ	ネ
正　解	3	2	5	①	⑨	⑤
チェック						

《外心，内心，重心，垂心と同一直線上にある点》　会話設定　考察・証明

(1)　三角形OABにおいて余弦定理から

$$AB^2=OA^2+OB^2-2OA\cdot OB\cdot\cos\angle AOB=OA^2+OB^2-2\vec{a}\cdot\vec{b}$$

$$\vec{a}\cdot\vec{b}=\frac{OA^2+OB^2-AB^2}{2}$$

$$=\frac{5^2+8^2-7^2}{2}=\frac{40}{2}=\boxed{20}\quad\to アイ$$

点Gは，三角形OABの重心であるから

$$\overrightarrow{OG}=\frac{\vec{a}+\vec{b}}{\boxed{3}}\quad\to ウ$$

外心は3本の辺の垂直二等分線の交点 ② →エ であり，内心は3本の内角の二等分線の交点 ① →オ であり，垂心は頂点から対辺に下ろした3本の垂線の交点 ③ →カ である。

OAの中点をX，OBの中点をYとすると，点Pが三角形OABの外心であるための条件は

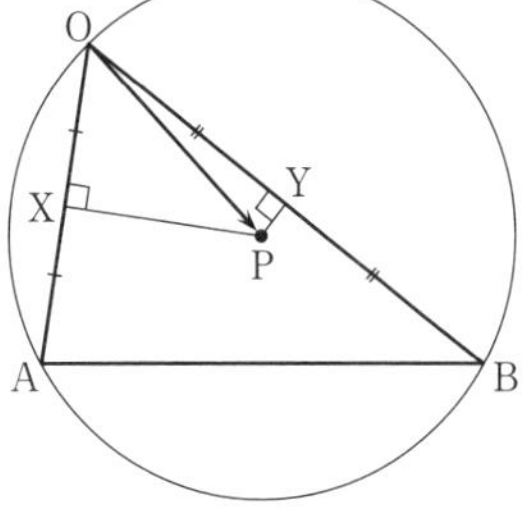

$$\begin{cases}\overrightarrow{PX}\cdot\overrightarrow{OA}=0\\ \overrightarrow{PY}\cdot\overrightarrow{OB}=0\end{cases}$$

である。これを変形していくと

$$\begin{cases}(\overrightarrow{OX}-\overrightarrow{OP})\cdot\overrightarrow{OA}=0\\ (\overrightarrow{OY}-\overrightarrow{OP})\cdot\overrightarrow{OB}=0\end{cases}$$

$$\begin{cases}\left(\frac{1}{2}\vec{a}-\overrightarrow{OP}\right)\cdot\vec{a}=0\\ \left(\frac{1}{2}\vec{b}-\overrightarrow{OP}\right)\cdot\vec{b}=0\end{cases}$$

$$\begin{cases} \overrightarrow{\mathrm{OP}}\cdot\vec{a}=\dfrac{1}{2}|\vec{a}|^2 \\ \overrightarrow{\mathrm{OP}}\cdot\vec{b}=\dfrac{1}{2}|\vec{b}|^2 \end{cases}$$　①　→キ

となる。

点Hが三角形OABの垂心であるための条件は

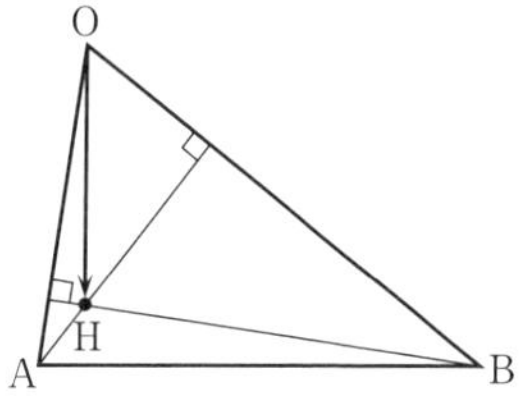

$$\begin{cases} \overrightarrow{\mathrm{HB}}\cdot\overrightarrow{\mathrm{OA}}=0 \\ \overrightarrow{\mathrm{HA}}\cdot\overrightarrow{\mathrm{OB}}=0 \end{cases}$$

である。これを変形していくと

$$\begin{cases} (\overrightarrow{\mathrm{OB}}-\overrightarrow{\mathrm{OH}})\cdot\overrightarrow{\mathrm{OA}}=0 \\ (\overrightarrow{\mathrm{OA}}-\overrightarrow{\mathrm{OH}})\cdot\overrightarrow{\mathrm{OB}}=0 \end{cases}$$

$$\begin{cases} (\vec{b}-\overrightarrow{\mathrm{OH}})\cdot\vec{a}=0 \\ (\vec{a}-\overrightarrow{\mathrm{OH}})\cdot\vec{b}=0 \end{cases}$$

$$\begin{cases} \overrightarrow{\mathrm{OH}}\cdot\vec{a}=\vec{a}\cdot\vec{b} \\ \overrightarrow{\mathrm{OH}}\cdot\vec{b}=\vec{a}\cdot\vec{b} \end{cases}$$　③　→ク

となる。

内心Iについて

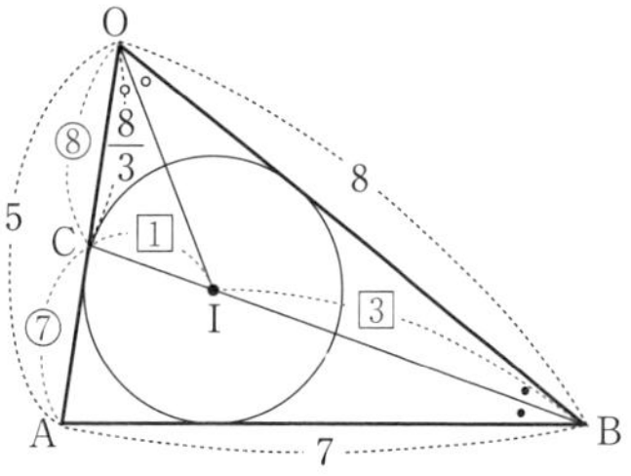

BIとOAの交点をCとすると，角の二等分線の性質から

$$\mathrm{OC}:\mathrm{CA}=\mathrm{BO}:\mathrm{BA}=8:7$$

より，$\mathrm{OC}=5\cdot\dfrac{8}{8+7}=\dfrac{8}{3}$ とわかる。

さらに，OIが∠AOBの二等分線であることから，再び，角の二等分線の性質より

$$\mathrm{CI}:\mathrm{IB}=\mathrm{OC}:\mathrm{OB}=\frac{8}{3}:8=1:3$$

とわかる。したがって

$$\overrightarrow{\mathrm{OI}}=\frac{3\overrightarrow{\mathrm{OC}}+\overrightarrow{\mathrm{OB}}}{1+3}=\frac{3}{4}\overrightarrow{\mathrm{OC}}+\frac{1}{4}\vec{b}$$

$$=\frac{3}{4}\left(\frac{8}{8+7}\vec{a}\right)+\frac{1}{4}\vec{b}$$

$$=\frac{2}{5}\vec{a}+\frac{1}{4}\vec{b}$$　⓪，⑥　→ケ，コ

となる。

外心Pについて

$\overrightarrow{OP}=u\vec{a}+v\vec{b}$（$u$, v は実数）とおくと

$$\begin{cases}\overrightarrow{OP}\cdot\vec{a}=(u\vec{a}+v\vec{b})\cdot\vec{a}=u|\vec{a}|^2+v\vec{a}\cdot\vec{b}=25u+20v\\ \overrightarrow{OP}\cdot\vec{b}=(u\vec{a}+v\vec{b})\cdot\vec{b}=u\vec{a}\cdot\vec{b}+v|\vec{b}|^2=20u+64v\end{cases}$$

であるから，条件より

$$\begin{cases}25u+20v=\frac{1}{2}\cdot5^2\\ 20u+64v=\frac{1}{2}\cdot8^2\end{cases}\quad\therefore\quad\begin{cases}u=\frac{2}{15}\\ v=\frac{11}{24}\end{cases}$$

と求まるので，$\overrightarrow{OP}=\mathbf{\frac{2}{15}}\vec{a}+\mathbf{\frac{11}{24}}\vec{b}$ ⑤，⑨ →**サ**，**シ** とわかる。

垂心Hについて

$\overrightarrow{OH}=s\vec{a}+t\vec{b}$（$s$, t は実数）とおくと

$$\begin{cases}\overrightarrow{OH}\cdot\vec{a}=(s\vec{a}+t\vec{b})\cdot\vec{a}=25s+20t\\ \overrightarrow{OH}\cdot\vec{b}=(s\vec{a}+t\vec{b})\cdot\vec{b}=20s+64t\end{cases}$$

であるから，条件より

$$\begin{cases}25s+20t=20\\ 20s+64t=20\end{cases}\quad\therefore\quad\begin{cases}s=\frac{11}{15}\\ t=\frac{1}{12}\end{cases}$$

と求まるので，$\overrightarrow{OH}=\mathbf{\frac{11}{15}}\vec{a}+\mathbf{\frac{1}{12}}\vec{b}$ ④，② →**ス**，**セ** とわかる。

参考　ここまでの結果から

$$\overrightarrow{HG}=\overrightarrow{OG}-\overrightarrow{OH}=\left(\frac{1}{3}\vec{a}+\frac{1}{3}\vec{b}\right)-\left(\frac{11}{15}\vec{a}+\frac{1}{12}\vec{b}\right)$$

$$=-\frac{2}{5}\vec{a}+\frac{1}{4}\vec{b}$$

$$\overrightarrow{GP}=\overrightarrow{OP}-\overrightarrow{OG}=\left(\frac{2}{15}\vec{a}+\frac{11}{24}\vec{b}\right)-\left(\frac{1}{3}\vec{a}+\frac{1}{3}\vec{b}\right)$$

$$=-\frac{1}{5}\vec{a}+\frac{1}{8}\vec{b}$$

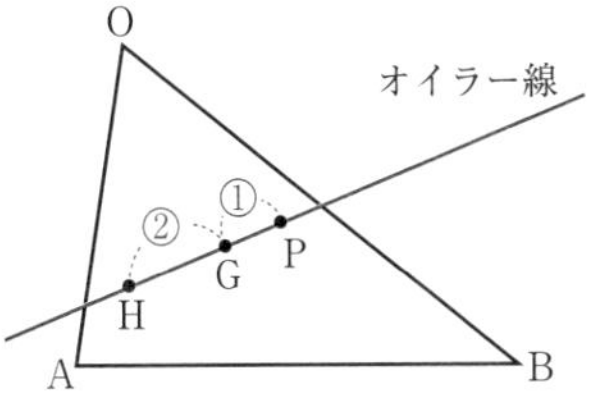

より

$$\overrightarrow{HG}=2\overrightarrow{GP}$$

が成り立つことが確認できる。本問においては，3辺の長さが5，7，8の三角形について，垂心，重心，外心の3点が同一直線上にあることをみた。
実は，このことは一般の三角形でも成り立つ（正三角形では，これらの3点が一致する）。この（垂心，重心，外心を通る）直線を**オイラー**（Euler）**線**という。

(2)　**ド・ロンシャン点Ｌについて**

ド・ロンシャン点とは「外心に対して垂心と対称な点」のことであるから，三角形OABのド・ロンシャン点Ｌは，外心Ｐに対して垂心Ｈと対称な点のことである。

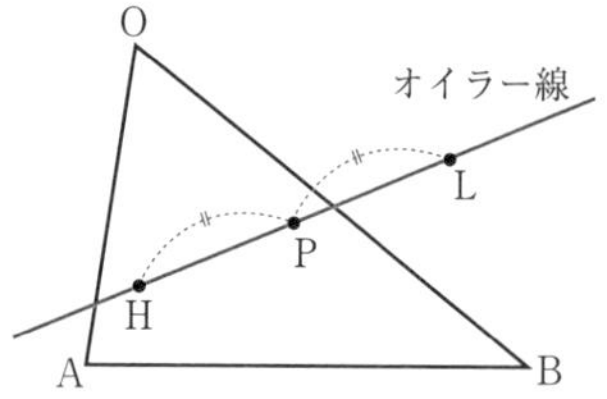

３点Ｈ，Ｐ，Ｌの位置関係としては，線分HLの中点がＰとなっているわけであるから，この位置関係を正しく表現したものを選択肢から選ぶ。 ⓪ ， ⑤ ， ⑧ ， ⑨ 　→ソ，タ，チ，ツ

$\overrightarrow{OP}=\dfrac{\overrightarrow{OH}+\overrightarrow{OL}}{2}$ より

$$\overrightarrow{OL}=2\overrightarrow{OP}-\overrightarrow{OH}=2\left(\frac{2}{15}\vec{a}+\frac{11}{24}\vec{b}\right)-\left(\frac{11}{15}\vec{a}+\frac{1}{12}\vec{b}\right)=-\frac{7}{15}\vec{a}+\frac{5}{6}\vec{b}$$

が得られる。

(3)　$OS=OU=x$，$AS=AT=y$，$BT=BU=z$ とおくと，三角形の３辺の長さに着目して

$$\begin{cases} x+y=5 \\ y+z=7 \\ x+z=8 \end{cases}$$

より，$x+y+z=10$ が得られ，これより

$x=$ 3 ，　$y=$ 2 ，　$z=$ 5

→テ，ト，ナ

とわかる。

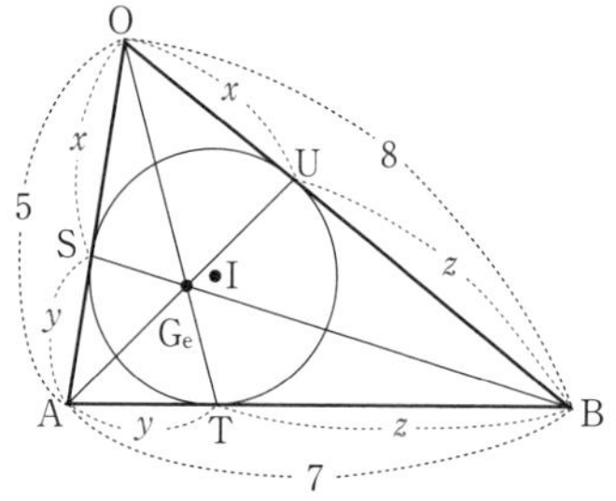

ジュルゴンヌ点 G_e について

三角形OATと直線BSについて，メネラウスの定理から

$$\frac{OS}{SA}\cdot\frac{AB}{BT}\cdot\frac{TG_e}{G_eO}=\frac{3}{2}\cdot\frac{7}{5}\cdot\frac{TG_e}{G_eO}=1$$

より，$\dfrac{TG_e}{G_eO}=\dfrac{10}{21}$ とわかる。これより

$$\begin{aligned}\overrightarrow{OG_e}&=\frac{21}{21+10}\overrightarrow{OT}\\&=\frac{21}{31}\left(\frac{5\vec{a}+2\vec{b}}{2+5}\right)\\&=\frac{3}{31}(5\vec{a}+2\vec{b})=\frac{\mathbf{15}}{\mathbf{31}}\vec{a}+\frac{\mathbf{6}}{\mathbf{31}}\vec{b}\end{aligned}$$

 ① ， ⑨ 　→ニ，ヌ

を得る。

以上の結果より

$$\begin{cases}\overrightarrow{\mathrm{IG_e}}=\overrightarrow{\mathrm{OG_e}}-\overrightarrow{\mathrm{OI}}=\left(\dfrac{15}{31}\vec{a}+\dfrac{6}{31}\vec{b}\right)-\left(\dfrac{2}{5}\vec{a}+\dfrac{1}{4}\vec{b}\right)=\dfrac{13}{155}\vec{a}-\dfrac{7}{124}\vec{b}\\ \overrightarrow{\mathrm{IL}}=\overrightarrow{\mathrm{OL}}-\overrightarrow{\mathrm{OI}}=\left(-\dfrac{7}{15}\vec{a}+\dfrac{5}{6}\vec{b}\right)-\left(\dfrac{2}{5}\vec{a}+\dfrac{1}{4}\vec{b}\right)=-\dfrac{13}{15}\vec{a}+\dfrac{7}{12}\vec{b}\end{cases}$$

これより

$$\overrightarrow{\mathrm{IG_e}}=-\frac{3}{31}\overrightarrow{\mathrm{IL}}$$ 　⑤　→ネ

が成り立つことが確認できる。

本問においては，3辺の長さが5，7，8の三角形について，内心，ジュルゴンヌ(Gergonne) 点，ド・ロンシャン（de Longchamps）点の3点が同一直線上にあることをみた。

実は，このことは一般の三角形でも成り立つ。この（内心，ジュルゴンヌ点，ド・ロンシャン点を通る）直線を**ソディ**（Soddy）**線**という。

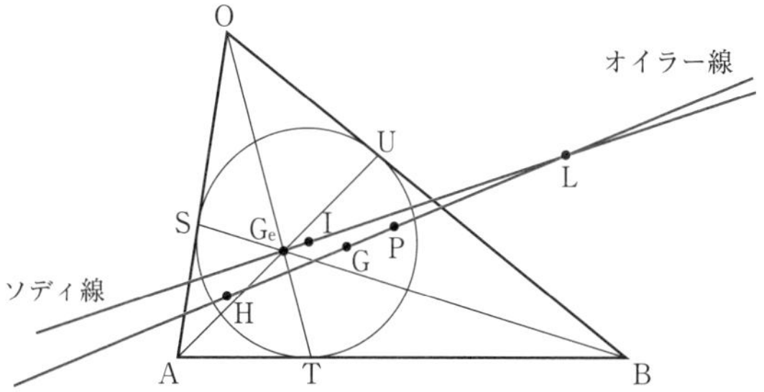

解説

本問は，三角形において固有の名称で呼ばれる点を題材に，様々な点の位置関係をベクトルを利用して調べる問題である。

3点が同一直線上にあるという関係や2直線が垂直であるという関係をベクトルで表現することをきちんと習得しておいてもらいたい。

また，直線や平面に関する対称点をベクトルで扱う際には，次の正射影ベクトルを活用すると有効である。

正射影ベクトル

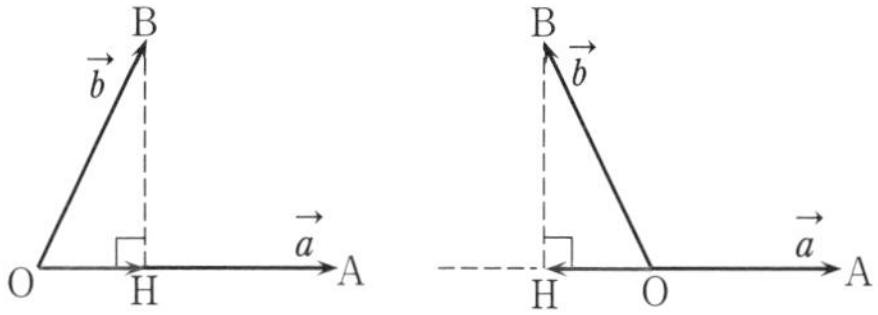

$\overrightarrow{\mathrm{OH}}$ を，$\vec{b}$ の $\vec{a}$ への正射影（ベクトル）という。このとき

$$\overrightarrow{\mathrm{OH}}=\frac{\vec{a}\cdot\vec{b}}{|\vec{a}|^2}\vec{a}$$

（証明） $\overrightarrow{\mathrm{OH}}=k\vec{a}$（$k$ は実数）とおける。ここで

$$\vec{a}\cdot\vec{b}=\vec{a}\cdot(\overrightarrow{\mathrm{OH}}+\overrightarrow{\mathrm{HB}})=\vec{a}\cdot k\vec{a}+0=k|\vec{a}|^2$$

より

$$k=\frac{\vec{a}\cdot\vec{b}}{|\vec{a}|^2}$$

$$\therefore\quad \overrightarrow{\mathrm{OH}}=\frac{\vec{a}\cdot\vec{b}}{|\vec{a}|^2}\vec{a}$$

あるいは，$\overrightarrow{\mathrm{OA}}=\vec{a}$，$\overrightarrow{\mathrm{OB}}=\vec{b}$ のなす角を θ とすると

$$\cos\theta=\frac{\vec{a}\cdot\vec{b}}{|\vec{a}||\vec{b}|}$$

$$\therefore\quad \overrightarrow{\mathrm{OH}}=|\vec{b}|\cos\theta\cdot\frac{\vec{a}}{|\vec{a}|}=\frac{\vec{a}\cdot\vec{b}}{|\vec{a}|^2}\vec{a}$$

と説明することもできる。

参考 本問では登場しなかったが，関連して“シフラー（Schiffler）点”という点を紹介しておこう。

三角形 ABC の内心を I とするとき，3つの三角形 IAB，IBC，ICA のオイラー線は（ABC のオイラー線上の）1点で交わる。この交点を**シフラー点**という。

第9章

平面上の曲線と複素数平面

第9章 平面上の曲線と複素数平面　傾向分析

従来は「数学Ⅲ」で扱われていましたが，新課程では「数学C」で扱われるようになり，『数学Ⅱ，数学B，数学C』として出題される新課程の共通テストにおいて，選択問題として追加される項目となります。試作問題では第7問として16点分が出題されました。

平面上の曲線では，**放物線，楕円，双曲線の性質や，曲線の媒介変数表示，極座標と極方程式**など，複素数平面では，**複素数と複素数平面，極形式，ド・モアブルの定理**などを扱う項目で，試作問題ではそれぞれが中問に分かれて出題されました。共通テスト型の問題が試作問題しかないため，本書では，平面上の曲線2題，複素数平面2題のオリジナル問題を用意していますので，参考にしてください。

共通テストでの出題項目

試　験	大　問	出題項目	配　点
新課程 試作問題	第7問〔1〕 （演習問題9－1）	2次曲線（ICT活用）	4点
新課程 試作問題	第7問〔2〕 （演習問題9－4）	複素数平面上の点，偏角，絶対値 会話設定（ICT活用）	12点

学習指導要領における内容

ア．次のような知識及び技能を身に付けること。

（ア） 放物線，楕円，双曲線が二次式で表されること及びそれらの二次曲線の基本的な性質について理解すること。

（イ） 曲線の媒介変数表示について理解すること。

（ウ） 極座標の意味及び曲線が極方程式で表されることについて理解すること。

（エ） 複素数平面と複素数の極形式，複素数の実数倍，和，差，積及び商の図形的な意味を理解すること。

（オ） ド・モアブルの定理について理解すること。

イ．次のような思考力，判断力，表現力等を身に付けること。

（ア） 放物線，楕円，双曲線を相互に関連付けて捉え，考察すること。

（イ） 複素数平面における図形の移動などと関連付けて，複素数の演算や累乗根などの意味を考察すること。

（ウ） 日常の事象や社会の事象などを数学的に捉え，コンピュータなどの情報機器を用いて曲線を表すなどして，媒介変数や極座標及び複素数平面の考えを問題解決に活用したり，解決の過程を振り返って事象の数学的な特徴や他の事象との関係を考察したりすること。

問題 9－1　演習問題

試作問題　第7問〔1〕

a，b，c，d，f を実数とし，x，y の方程式

$$ax^2+by^2+cx+dy+f=0$$

について，この方程式が表す座標平面上の図形をコンピュータソフトを用いて表示させる。ただし，このコンピュータソフトでは a，b，c，d，f の値は十分に広い範囲で変化させられるものとする。

a，b，c，d，f の値を $a=2$，$b=1$，$c=-8$，$d=-4$，$f=0$ とすると図1のように楕円が表示された。

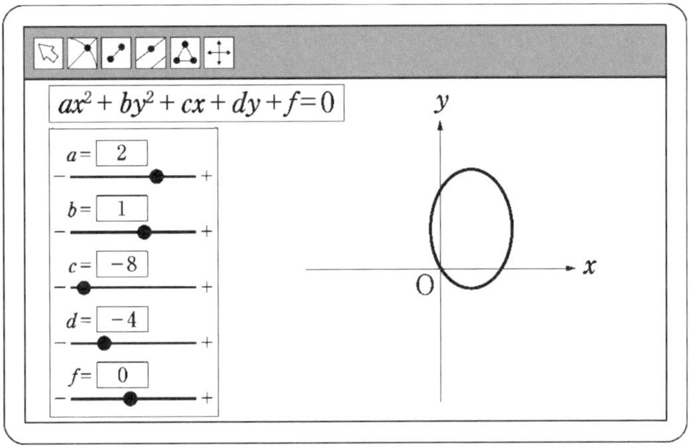

図1

方程式$ax^2+by^2+cx+dy+f=0$のa，c，d，fの値は変えずに，bの値だけを$b \geqq 0$の範囲で変化させたとき，座標平面上には［ア］。

［ア］の解答群

- ⓪ つねに楕円のみが現れ，円は現れない
- ① 楕円，円が現れ，他の図形は現れない
- ② 楕円，円，放物線が現れ，他の図形は現れない
- ③ 楕円，円，双曲線が現れ，他の図形は現れない
- ④ 楕円，円，双曲線，放物線が現れ，他の図形は現れない
- ⑤ 楕円，円，双曲線，放物線が現れ，また他の図形が現れることもある

問題 9－1　解答解説

解答記号	ア
正　解	②
チェック	

《楕円，円，双曲線，放物線》　ICT活用

$ax^2+by^2+cx+dy+f=0$ において，$a=2$，$b=1$，$c=-8$，$d=-4$，$f=0$ とすると

$$2x^2+y^2-8x-4y=0$$

となり

$$x^2+\frac{y^2}{2}-4x-2y=0$$

$$x^2-4x+\frac{1}{2}(y^2-4y)=0$$

$$(x-2)^2-2^2+\frac{1}{2}\{(y-2)^2-2^2\}=0$$

$$(x-2)^2+\frac{(y-2)^2}{2}=6$$

$$\frac{(x-2)^2}{6}+\frac{(y-2)^2}{12}=1$$

よって，図1のコンピュータソフトでは，中心の座標が $(2,\ 2)$，焦点の座標が $(2,\ 2+\sqrt{6})$，$(2,\ 2-\sqrt{6})$ の楕円が描かれているのである。

この設定を，方程式 $ax^2+by^2+cx+dy+f=0$ の a，c，d，f の値は変えずに，b の値だけを $b\geqq 0$ の範囲で変化させる場合を考える。

上の変形と同じように，平方完成する過程があるので，b の値で場合分けしよう。

$b=0$ のとき

$$2x^2-8x-4y=0$$

となり，整理すると

$$y=\frac{1}{2}x^2-2$$

と表すことができる。これは放物線の方程式である。

$b>0$ のとき

$$2x^2+by^2-8x-4y=0$$

両辺を正の $2b$ で割って

$$\frac{x^2}{b}+\frac{y^2}{2}-\frac{4}{b}x-\frac{2}{b}y=0$$

$$\frac{1}{b}(x^2-4x)+\frac{1}{2}\left(y^2-\frac{4}{b}y\right)=0$$

$$\frac{1}{b}\{(x-2)^2-2^2\}+\frac{1}{2}\left\{\left(y-\frac{2}{b}\right)^2-\frac{4}{b^2}\right\}=0$$

$$\frac{(x-2)^2}{b}-\frac{4}{b}+\frac{1}{2}\left(y-\frac{2}{b}\right)^2-\frac{2}{b^2}=0$$

$$\frac{(x-2)^2}{b}+\frac{\left(y-\frac{2}{b}\right)^2}{2}=\frac{4b+2}{b^2} \quad \cdots\cdots①$$

ここで，$b>0$ なので，$\frac{4b+2}{b^2}>0$ である。

①は，特に $b=2$ のとき

$$\frac{(x-2)^2}{2}+\frac{(y-1)^2}{2}=\frac{5}{2}$$

両辺に2をかけて

$$(x-2)^2+(y-1)^2=5$$

となるので，中心の座標が (2，1)，半径が $\sqrt{5}$ の円を表す。

それ以外の場合は楕円を表す。

$b>0$ なので，双曲線を表すことはない。

よって，座標平面上には楕円，円，放物線が現れ，他の図形は現れない。

②　→ア

9－1

解説

前半部分は，図1のコンピュータソフトで描かれている図形について説明しているだけなので，試験の解答の際には不要であり，直接，$ax^2+by^2+cx+dy+f=0$ において，b 以外を，$a=2$，$c=-8$，$d=-4$，$f=0$ として，変形するところから始めればよい。

整理すると，$\frac{(x-2)^2}{b}+\frac{\left(y-\frac{2}{b}\right)^2}{2}=\frac{4b+2}{b^2}$ ……① と表すことができるのであるが，この変形の平方完成をする際に，b で割る操作が入っていることに注意すること。$b=0$ のときには，b で割ることができないから，この変形は $b\neq0$ であることが前提となっており，$b=0$，$b\neq0$ の場合分けをする必要がある。2次曲線の標準形をつくるために，①の両辺を $\frac{4b+2}{b^2}$ で割ってもよいが，①の形でどのような図形ができるかは判断できる。正の値 b に対して，2のときは円，それ以外のときには楕円を表す。

双曲線を表すことはない。もう一つの場合分けである $b=0$ のときはそもそも，この変形に持ち込むことができないので，最初の形である $ax^2+by^2+cx+dy+f=0$ に先ほどの値と $b=0$ を代入して，変形，整理すると，放物線を表す。このようにして，選択肢から正解を選ぼう。

問題 9－2　演習問題

オリジナル問題

Oを原点とする xy 平面上において，$x^2=3(1+y)(1-y)$ が表す曲線を C とする。この曲線 C の形状は［ア］であり，その焦点の座標は［イ］である。

［ア］の解答群

⓪ 楕円	① 放物線	② 双曲線

［イ］の解答群

⓪ $\left(\frac{1}{4},\ 0\right)$	① $\left(-\frac{1}{4},\ 0\right)$	② $\left(0,\ \frac{1}{4}\right)$	③ $\left(0,\ -\frac{1}{4}\right)$
④ $\left(\pm\frac{\sqrt{2}}{2},\ 0\right)$	⑤ $(\pm\sqrt{2},\ 0)$	⑥ $\left(0,\ \pm\frac{\sqrt{2}}{2}\right)$	⑦ $\left(0,\ \pm\sqrt{2}\right)$
⑧ $\left(\pm\frac{\sqrt{3}}{2},\ 0\right)$	⑨ $\left(\pm\frac{\sqrt{3}}{4},\ 0\right)$	ⓐ $\left(0,\ \pm\frac{\sqrt{3}}{2}\right)$	ⓑ $\left(0,\ \pm\frac{\sqrt{3}}{4}\right)$

点Pは C 上の点であり，かつ，第一象限にあるとする。この点Pの座標は，$0<\theta<\frac{\pi}{2}$ を満たす θ を用いて，P($\sqrt{\boxed{\text{ウ}}}\cos\theta,\ \sin\theta$) と表すことができる。

Pにおける C の接線を l，Pを通り l と垂直な直線を n，x 軸と y 軸と n とで囲まれる三角形の面積を S とする。

l の式は $y=$［エ］と表され，n の式は $y=$［オ］と表される。さらに，S は［カ］と表される。

［エ］の解答群

⓪ $-\frac{1}{\tan\theta}x+\frac{1}{2\sin\theta}$	① $-\frac{1}{\tan\theta}x+\frac{1}{\sin\theta}$	② $-\frac{1}{\tan\theta}x+\frac{2}{\sin\theta}$
③ $-\frac{2}{\tan\theta}x+\frac{1}{2\sin\theta}$	④ $-\frac{2}{\tan\theta}x+\frac{1}{\sin\theta}$	⑤ $-\frac{2}{\tan\theta}x+\frac{2}{\sin\theta}$
⑥ $-\frac{1}{\sqrt{3}\tan\theta}x+\frac{1}{2\sin\theta}$	⑦ $-\frac{1}{\sqrt{3}\tan\theta}x+\frac{1}{\sin\theta}$	⑧ $-\frac{1}{\sqrt{3}\tan\theta}x+\frac{2}{\sin\theta}$

［オ］の解答群

⓪ $(\tan\theta)x-\frac{1}{2}\sin\theta$	① $(\tan\theta)x-\sin\theta$	② $(\tan\theta)x-2\sin\theta$
③ $(\sqrt{2}\tan\theta)x-\frac{1}{2}\sin\theta$	④ $(\sqrt{2}\tan\theta)x-\sin\theta$	⑤ $(\sqrt{2}\tan\theta)x-2\sin\theta$
⑥ $(\sqrt{3}\tan\theta)x-\frac{1}{2}\sin\theta$	⑦ $(\sqrt{3}\tan\theta)x-\sin\theta$	⑧ $(\sqrt{3}\tan\theta)x-2\sin\theta$

［カ］の解答群

⓪ $\frac{\sqrt{3}}{2}\sin\theta\cos\theta$	① $\frac{\sqrt{3}}{3}\sin\theta\cos\theta$	② $\frac{2\sqrt{3}}{3}\sin\theta\cos\theta$
③ $\frac{3\sqrt{2}}{2}\sin\theta\cos\theta$	④ $\frac{\sqrt{3}}{2}\left(\tan\theta+\frac{1}{\tan\theta}\right)$	⑤ $\frac{\sqrt{3}}{3}\left(\tan\theta+\frac{1}{\tan\theta}\right)$
⑥ $\frac{2\sqrt{3}}{3}\left(\tan\theta+\frac{1}{\tan\theta}\right)$	⑦ $\frac{3\sqrt{2}}{2}\left(\tan\theta+\frac{1}{\tan\theta}\right)$	

点PがCの第一象限の部分を動くとき，Sが最大となるのは，A(1, 0) とすると，$\angle\mathrm{POA}=\frac{\pi}{\boxed{キ}}$のときであり，そのときの$S$の最大値は$\frac{\sqrt{\boxed{ク}}}{\boxed{ケ}}$である。

問題　9－2　解答解説

解答記号	ア	イ	$\sqrt{ウ}$	エ	オ	カ	$\frac{\pi}{キ}$	$\frac{\sqrt{ク}}{ケ}$
正　解	⓪	⑤	$\sqrt{3}$	⑦	⑧	②	$\frac{\pi}{6}$	$\frac{\sqrt{3}}{3}$
チェック								

《2次曲線と接線》

C の式 $x^2=3(1+y)(1-y)$ は $\dfrac{x^2}{(\sqrt{3})^2}+\dfrac{y^2}{1^2}=1$ と変形できるので，曲線 C の形状は

楕円 ⓪ **→ア** である。また，その焦点の座標は

$(\pm\sqrt{3-1},\ 0)$　つまり　$(\pm\sqrt{2},\ 0)$　⑤　**→イ**

である。

$C:\dfrac{x^2}{3}+y^2=1$ の第一象限の部分にある点Pの座標は，$0<\theta<\dfrac{\pi}{2}$ を満たす θ を用いて

$\mathrm{P}(\sqrt{\boxed{3}}\cos\theta,\ \sin\theta)$　**→ウ**

と表すことができる。

Pにおける $C:\dfrac{x^2}{3}+y^2=1$ の接線 l の式は

$\dfrac{\sqrt{3}\cos\theta}{3}x+(\sin\theta)y=1$　つまり　$\boldsymbol{y=-\dfrac{1}{\sqrt{3}\tan\theta}x+\dfrac{1}{\sin\theta}}$　⑦　**→エ**

である。したがって，Pを通り l と垂直な直線 n の式は

$y=\sqrt{3}\tan\theta(x-\sqrt{3}\cos\theta)+\sin\theta$

つまり

$\boldsymbol{y=(\sqrt{3}\tan\theta)x-2\sin\theta}$　⑧　**→オ**

である。

x 軸と y 軸と n とで囲まれる三角形は次図の網目部分である。

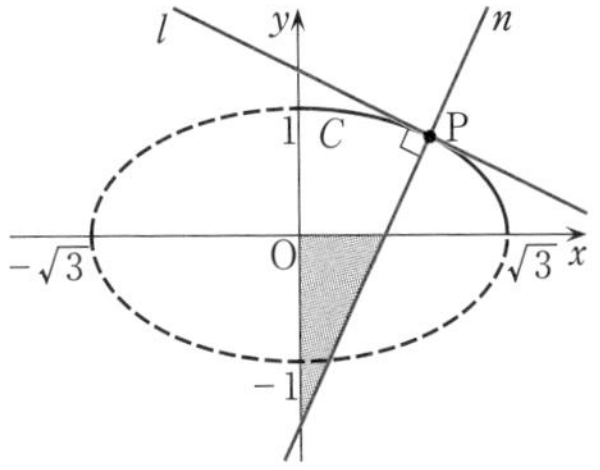

9－2

直線 n と x 軸との交点の x 座標は $\dfrac{2}{\sqrt{3}}\cos\theta$ であり，直線 n と y 軸との交点の y 座標は $-2\sin\theta$ であるので

$$S=\frac{2}{\sqrt{3}}\cos\theta\times 2\sin\theta\times\frac{1}{2}=\frac{2\sqrt{3}}{3}\boldsymbol{\sin\theta\cos\theta}\quad \boxed{②}\quad \to \text{カ}$$

と表される。

$S=\dfrac{2\sqrt{3}}{3}\sin\theta\cos\theta=\dfrac{\sqrt{3}}{3}\sin 2\theta$ は，$0<\theta<\dfrac{\pi}{2}$ において，$2\theta=\dfrac{\pi}{2}$ つまり $\theta=\dfrac{\pi}{4}$ のときに最大値 $\dfrac{\sqrt{\boxed{3}}}{\boxed{3}}$ →ク，ケ をとる。

このときに，P の座標は $\left(\sqrt{3}\cos\dfrac{\pi}{4},\ \sin\dfrac{\pi}{4}\right)$ すなわち $\left(\dfrac{\sqrt{6}}{2},\ \dfrac{\sqrt{2}}{2}\right)$ であり，

$\angle\mathrm{POA}=\dfrac{\pi}{\boxed{6}}$ →キ である。

解説

2次曲線には，楕円，双曲線，放物線がある。これについて基本事項を整理しておく。

楕円

平面上で，異なる2定点F，F′からの距離の和が一定である点Pの軌跡を楕円といい，この2定点F，F′をその楕円の**焦点**という。ただし，焦点F，F′からの距離の和は線分FF′の長さより大きいものとする。また，直線FF′のうち楕円によって切り取られてできる線分を**長軸**，長軸の垂直二等分線のうち楕円によって切り取られる線分を**短軸**という。楕円についてまとめると以下のようになる。

方　程　式	$\dfrac{x^2}{a^2}+\dfrac{y^2}{b^2}=1\quad (a>b>0)$	$\dfrac{x^2}{a^2}+\dfrac{y^2}{b^2}=1\quad (b>a>0)$
概　　形	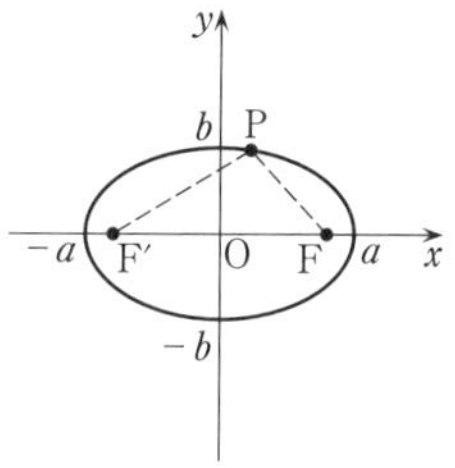	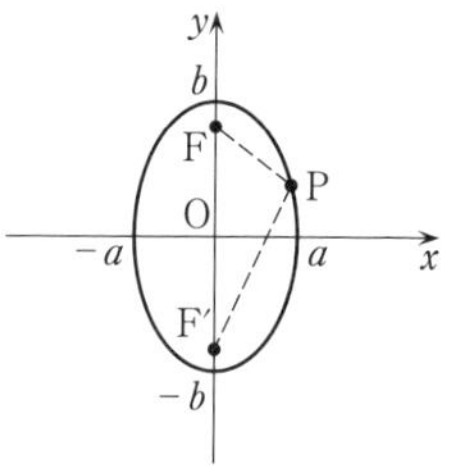
焦点：F，F′	$(\pm\sqrt{a^2-b^2},\ 0)$	$(0,\ \pm\sqrt{b^2-a^2})$
2焦点との距離の関係	$2a=\mathrm{FP}+\mathrm{F'P}$	$2b=\mathrm{FP}+\mathrm{F'P}$
点 $(x_1,\ y_1)$ における接線の方程式	$\dfrac{x_1x}{a^2}+\dfrac{y_1y}{b^2}=1$	

双曲線

平面上で，異なる2定点F，F′からの距離の差が0でない一定値である点Pの軌跡を双曲線といい，この2定点F，F′をその双曲線の**焦点**という。ただし，焦点F，F′からの距離の差は線分FF′の長さより小さいものとする。また，双曲線には**漸近線**が存在する。双曲線についてまとめると以下のようになる。

方　程　式	$\dfrac{x^2}{a^2}-\dfrac{y^2}{b^2}=1 \quad (a>0,\ b>0)$	$\dfrac{x^2}{a^2}-\dfrac{y^2}{b^2}=-1 \quad (a>0,\ b>0)$
概　　形	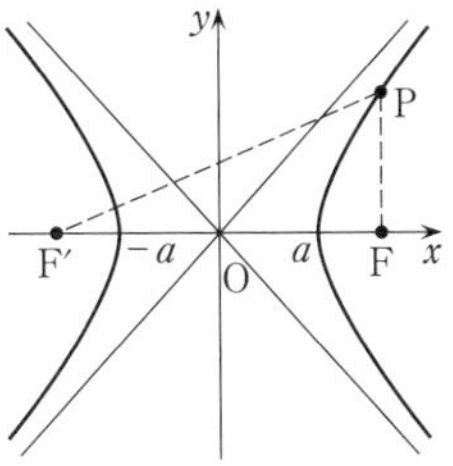	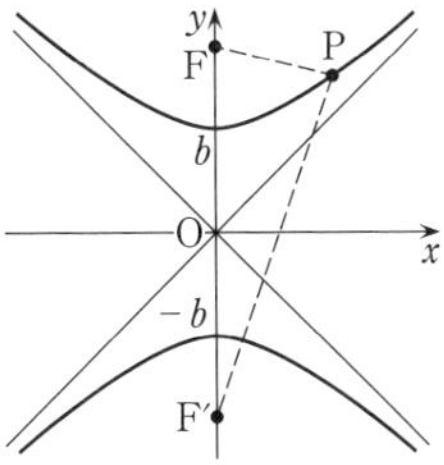
焦点：F，F′	$(\pm\sqrt{a^2+b^2},\ 0)$	$(0,\ \pm\sqrt{a^2+b^2})$
2焦点との距離の関係	$2a=\lvert \mathrm{FP}-\mathrm{F'P}\rvert$	$2b=\lvert \mathrm{FP}-\mathrm{F'P}\rvert$
漸　近　線	$y=\pm\dfrac{b}{a}x$	
点 $(x_1,\ y_1)$ における接線の方程式	$\dfrac{x_1x}{a^2}-\dfrac{y_1y}{b^2}=1$	$\dfrac{x_1x}{a^2}-\dfrac{y_1y}{b^2}=-1$

放物線

平面上で，定点Fと，Fを通らない定直線 l からの距離が等しい点Pの軌跡を放物線といい，定点Fをその放物線の**焦点**，直線 l をその放物線の**準線**という。放物線についてまとめると以下のようになる。

方　程　式	$y^2=4px\quad(p\neq 0)$	$x^2=4py\quad(p\neq 0)$
概　　形 ($p>0$ のとき)	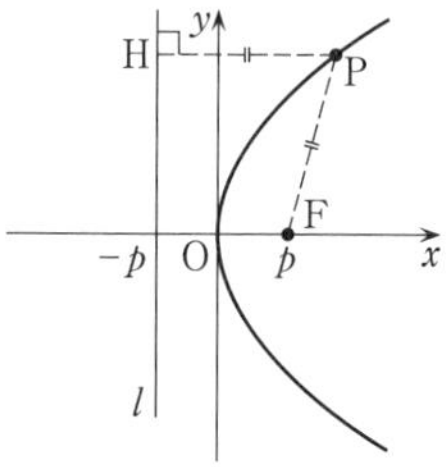	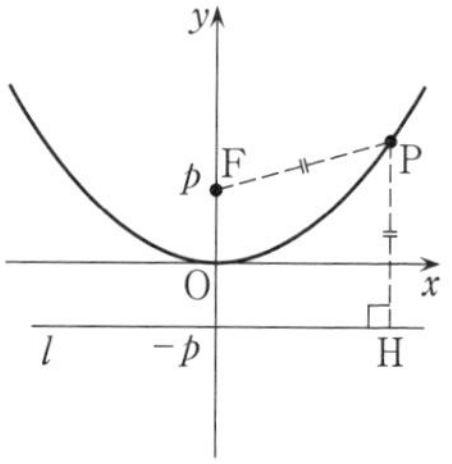
焦点：F	$(p,\ 0)$	$(0,\ p)$
準線：l	$x=-p$	$y=-p$
焦点と準線までの距離	PF＝PH	
点 $(x_1,\ y_1)$ における接線の方程式	$y_1y=2p(x_1+x)$	$x_1x=2p(y_1+y)$

キの設問には注意が必要である。S が最大となるのは $\theta=\dfrac{\pi}{4}$ のときであるが，これは $\angle\mathrm{POA}=\dfrac{\pi}{4}$ のときではない。θ は点Pの「**離心角**」と呼ばれ，点Pに対応する**補助円**上の点が x 軸となす次の図のような角である。

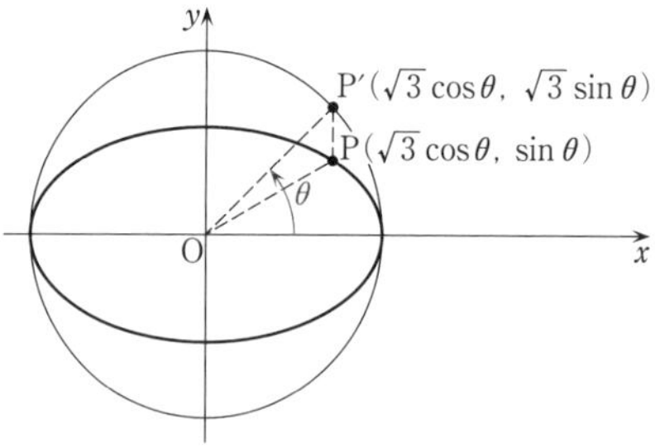

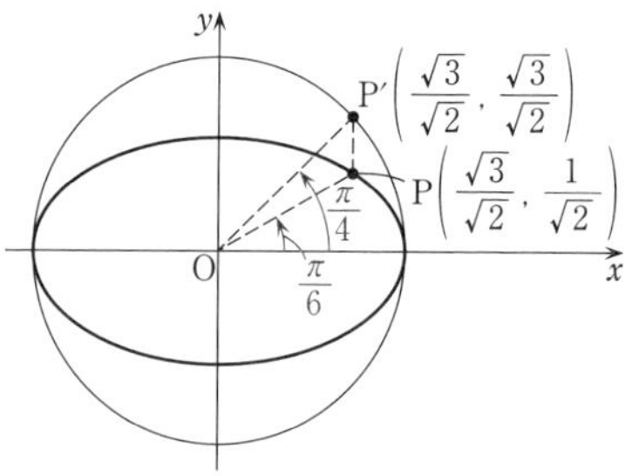

一般に，$a>b>0$ とし，楕円 $\dfrac{x^2}{a^2}+\dfrac{y^2}{b^2}=1$ に対して，$x=a\cos\theta$，$y=b\sin\theta$ は媒介変数表示であり，円 $x^2+y^2=a^2$ を楕円の補助円，θ を点 $\mathrm{P}(a\cos\theta,\ b\sin\theta)$ の離心角という。

問題 9 — 3　演習問題

オリジナル問題

太郎さんと花子さんは，コンピュータソフトで方程式 $\dfrac{x^2}{k+5}+\dfrac{y^2}{k-1}=1$ で表される図形を観察している。ここで，k は $(k+5)(k-1)\neq 0$ を満たす実数であり，コンピュータソフトでは，$(k+5)(k-1)\neq 0$ を満たす範囲で k の値を自由に変化させることができる。

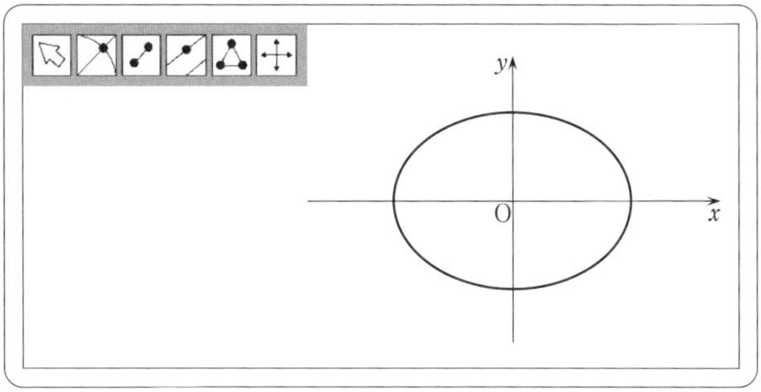

この図形が点 (2, 2) を通るのは，$k=$ アイ または $k=$ ウ のときである。

この図形は，$k=$ アイ のとき，エ を焦点とする オ であり，$k=$ ウ のとき，カ を焦点とする キ である。

エ，カ の解答群（同じものを繰り返し選んでもよい。）

⓪ $\left(\dfrac{1}{4},\ 0\right)$	① $\left(-\dfrac{1}{4},\ 0\right)$	② $\left(0,\ \dfrac{1}{4}\right)$	③ $\left(0,\ -\dfrac{1}{4}\right)$
④ $\left(\pm\dfrac{\sqrt{2}}{2},\ 0\right)$	⑤ $(\pm\sqrt{2},\ 0)$	⑥ $\left(0,\ \pm\dfrac{\sqrt{2}}{2}\right)$	⑦ $(0,\ \pm\sqrt{2})$
⑧ $\left(\pm\dfrac{\sqrt{6}}{2},\ 0\right)$	⑨ $(\pm\sqrt{6},\ 0)$	ⓐ $\left(0,\ \pm\dfrac{\sqrt{6}}{2}\right)$	ⓑ $(0,\ \pm\sqrt{6})$

オ，キ の解答群（同じものを繰り返し選んでもよい。）

⓪ 楕円	① 放物線	② 双曲線

$k=$ [アイ] のときの [オ] と $k=$ [ウ] のときの [キ] の交点 (2, 2) におけるそれぞれの接線のなす角を θ ($0° < \theta \leqq 90°$) とすると，$\theta=$ [クケ]° である。

問題 9 — 3　解答解説

解答記号	アイ	ウ	エ	オ	カ	キ	クケ
正　解	−3	7	⑨	②	⑨	⓪	90
チェック							

《2次曲線の決定と接線》　ICT活用

方程式 $\frac{x^2}{k+5}+\frac{y^2}{k-1}=1$ で表される図形が点 (2, 2) を通る条件は

$$\frac{2^2}{k+5}+\frac{2^2}{k-1}=1$$

つまり

$$4(k-1)+4(k+5)=(k+5)(k-1)$$

が成り立つことである。

$$k^2-4k-21=0$$

より

$$(k-7)(k+3)=0$$

から

$k=$ $\boxed{-3}$, $\boxed{7}$ →アイ，ウ

を得る。これらは $(k+5)(k-1)\neq 0$ を満たす。

$k=-3$ のとき，方程式 $\frac{x^2}{k+5}+\frac{y^2}{k-1}=1$ は $\frac{x^2}{2}-\frac{y^2}{4}=1$ であり，これは点 $(\pm\sqrt{6},\ 0)$ $\boxed{⑨}$ →エ を焦点とする**双曲線** $\boxed{②}$ →オ を表す。

$k=7$ のとき，方程式 $\frac{x^2}{k+5}+\frac{y^2}{k-1}=1$ は $\frac{x^2}{12}+\frac{y^2}{6}=1$ であり，これは点 $(\pm\sqrt{6},\ 0)$ $\boxed{⑨}$ →カ を焦点とする**楕円** $\boxed{⓪}$ →キ を表す。

双曲線 $\frac{x^2}{2}-\frac{y^2}{4}=1$ の点 (2, 2) における接線の方程式は

$$\frac{2x}{2}-\frac{2y}{4}=1 \quad \text{つまり} \quad y=2x-2$$

であり，楕円 $\frac{x^2}{12}+\frac{y^2}{6}=1$ の点 (2, 2) における接線の方程式は

$$\frac{2x}{12}+\frac{2y}{6}=1 \quad \text{つまり} \quad y=-\frac{1}{2}x+3$$

であるから，それぞれの接線の傾きの積が

$$2\times\left(-\frac{1}{2}\right)=-1$$

であることから，なす角 θ （$0°<\theta\leqq 90°$）は $\theta=$ 90 ° →クケ である。

解説

一般に，焦点を同じとする楕円と双曲線は直交する（つまり，交点で互いの接線が直交する）という性質がある。本問は，この現象を特別な場合で確認する趣旨の問題であった。2次曲線には他にも多くの興味深い性質がある。調べて検証してみることは，2次曲線に精通するよい学習になるであろう。

問題　9－4　演習問題

試作問題　第7問〔2〕

太郎さんと花子さんは，複素数 w を一つ決めて，w，w^2，w^3，…によって複素数平面上に表されるそれぞれの点 A_1，A_2，A_3，…を表示させたときの様子をコンピュータソフトを用いて観察している。ただし，点 w は実軸より上にあるとする。つまり，wの偏角を$\arg w$とするとき，$w \neq 0$ かつ $0 < \arg w < \pi$ を満たすとする。

図1，図2，図3は，wの値を変えて点 A_1，A_2，A_3，…，A_{20}を表示させたものである。ただし，観察しやすくするために，図1，図2，図3の間では，表示範囲を変えている。

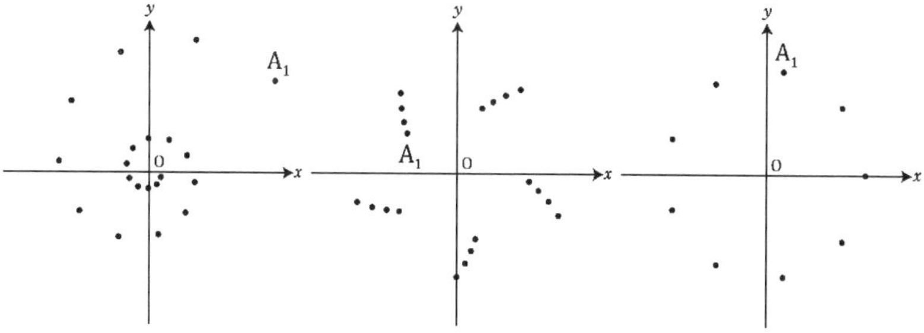

図1　　図2　　図3

太郎：wの値によって，A_1からA_{20}までの点の様子もずいぶんいろいろなパターンがあるね。あれ，図3は点が20個ないよ。

花子：ためしにA_{30}まで表示させても図3は変化しないね。同じところを何度も通っていくんだと思う。

太郎：図3に対して，A_1，A_2，A_3，…と線分で結んで点をたどってみると図4のようになったよ。なるほど，A_1に戻ってきているね。

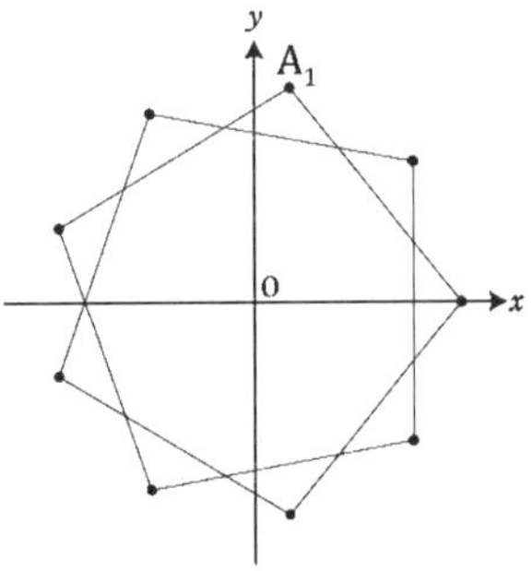

図4

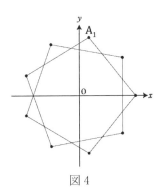

図4をもとに，太郎さんは，A_1，A_2，A_3，…と点をとっていって再びA_1に戻る場合に，点を順に線分で結んでできる図形について一般に考えることにした。すなわち，A_1とA_nが重なるようなnがあるとき，線分A_1A_2，A_2A_3，…，$A_{n-1}A_n$をかいてできる図形について考える。このとき，$w=w^n$に着目すると$|w|=$［ア］であることがわかる。また，次のことが成り立つ。

- $1 \leqq k \leqq n-1$に対して$A_kA_{k+1}=$［イ］であり，つねに一定である。
- $2 \leqq k \leqq n-1$に対して$\angle A_{k+1}A_kA_{k-1}=$［ウ］であり，つねに一定である。ただし，$\angle A_{k+1}A_kA_{k-1}$は，線分$A_kA_{k+1}$を線分$A_kA_{k-1}$に重なるまで回転させた角とする。

花子さんは，$n=25$のとき，すなわち，A_1とA_{25}が重なるとき，A_1からA_{25}までを順に線分で結んでできる図形が，正多角形になる場合を考えた。このようなwの値は全部で［エ］個である。また，このような正多角形についてどの場合であっても，それぞれの正多角形に内接する円上の点をzとすると，zはつねに［オ］を満たす。

［イ］の解答群

⓪ $\lvert w+1\rvert$	① $\lvert w-1\rvert$	② $\lvert w\rvert+1$	③ $\lvert w\rvert-1$

ウ の解答群

⓪ $\arg w$	① $\arg(-w)$	② $\arg\frac{1}{w}$	③ $\arg\left(-\frac{1}{w}\right)$

オ の解答群

⓪ $\lvert z\rvert = 1$	① $\lvert z - w\rvert = 1$	② $\lvert z\rvert = \lvert w + 1\rvert$
③ $\lvert z\rvert = \lvert w - 1\rvert$	④ $\lvert z - w\rvert = \lvert w + 1\rvert$	⑤ $\lvert z - w\rvert = \lvert w - 1\rvert$
⑥ $\lvert z\rvert = \frac{\lvert w + 1\rvert}{2}$	⑦ $\lvert z\rvert = \frac{\lvert w - 1\rvert}{2}$	

問題 9－4　解答解説

解答記号	$\lvert w\rvert=$ア	イ	ウ	エ	オ
正　解	$\lvert w\rvert=1$	①	③	6	⑥
チェック					

《複素数平面に現れる点の配列》　会話設定　ICT 活用

太郎さんと花子さんは，コンピュータソフトを用いて，複素数 w を一つ決めて，w，w^2，w^3，…によって複素数平面上に表されるそれぞれの点 A_1，A_2，A_3，…を表示させた。点 $A_1(w)$ は実軸より上にあるとすると，複素数 w の虚部は0より大きいと表現することもできるが，そのことは w の偏角を $\arg w$ とするとき，$w\neq0$ かつ $0<\arg w<\pi$ と言い換えることもできる。本問ではこのように定義されている。

さて，太郎さんは，A_1，A_2，A_3，…と点をとっていって再び A_1 に戻る場合に，点を順に線分で結んでできる図形について一般に考えることにした。すなわち，A_1 と A_n が重なるような n があるとき，線分 A_1A_2，A_2A_3，…，$A_{n-1}A_n$ を描いてできる図形について考える。このとき，$w=w^n$ に着目すると

$$w(w^{n-1}-1)=0$$

$w\neq0$ であるから

$$w^{n-1}-1=0$$

$$w^{n-1}=1$$

両辺の絶対値をとると，$\lvert w^{n-1}\rvert=1$ より　$\lvert w\rvert^{n-1}=1$

よって　$\lvert w\rvert=$ 1 →ア

- $1\leqq k\leqq n-1$ に対して A_kA_{k+1} の値を求める。

$$\begin{aligned}A_kA_{k+1}&=\lvert w^{k+1}-w^k\rvert\\&=\lvert w^k(w-1)\rvert\\&=\lvert w^k\rvert\lvert w-1\rvert\\&=\lvert w\rvert^k\lvert w-1\rvert\\&=1^k\lvert w-1\rvert\\&=\lvert w-1\rvert\end{aligned}$$

よって，$A_kA_{k+1}=\lvert \boldsymbol{w-1}\rvert$ ① →イ であり，つねに一定である。

- $2\leqq k\leqq n-1$ に対して $\angle A_{k+1}A_kA_{k-1}$ の値を求める。

ただし，$\angle A_{k+1}A_kA_{k-1}$ は，線分 A_kA_{k+1} を線分 A_kA_{k-1} に重なるまで回転させた角とする。

$$\angle A_{k+1}A_kA_{k-1}=\arg\frac{w^{k-1}-w^k}{w^{k+1}-w^k}$$
$$=\arg\frac{-w^{k-1}(w-1)}{w^k(w-1)}$$
$$=\arg\left(-\frac{1}{w}\right)$$

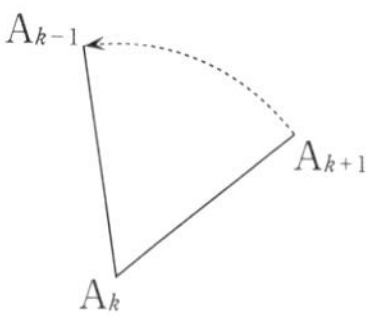

よって，$\angle A_{k+1}A_kA_{k-1}=\boldsymbol{\arg\left(-\frac{1}{w}\right)}$ ③ **→ウ** であり，つねに一定である。

花子さんは，$n=25$ のとき，すなわち，A_1 と A_{25} が重なるとき，A_1 から A_{25} までを順に結んでできる図形が，正多角形になる場合を考えた。このような w の値は全部で何個あるか求めよう。

$$w=w^{25}$$
$$w(w^{24}-1)=0$$

$w\neq 0$ であるから

$$w^{24}-1=0$$
$$w^{24}=1$$

$|w|=1$ であることはわかっているので，$\arg(w^{24})=2\pi$ すなわち $24\arg w=2\pi$ より

$$0<\arg w<\pi \text{ で }\quad \arg w=\frac{k}{12}\pi \quad (k=1,\ 2,\ \cdots,\ 11)$$

を満たす w について考える。さらに，A_1 から A_{25} までを順に結んでできる図形が正 n 角形になるのは

$$\frac{k}{12}\pi\times n=2\pi \quad \text{すなわち} \quad kn=24 \quad (n \text{ は3以上の整数})$$

を満たすときであるから，次の場合に限られる。

・$\arg w=\frac{\pi}{12}$ のとき，$\arg(w^{24})=2\pi$ となる。

25個の点のうち A_1 と A_{25} とが重なり，正24角形ができる。

・$\arg w=\frac{\pi}{6}$ のとき，$\arg(w^{12})=2\pi$ となる。

A_1 と A_{13} と A_{25}，A_2 と A_{14}，…，A_{12} と A_{24} とが重なる。
線分が2重になることで正12角形ができる。

・$\arg w=\frac{\pi}{4}$ のとき，$\arg(w^8)=2\pi$ となる。

A_1 と A_9 と A_{17} と A_{25}，A_2 と A_{10} と A_{18}，…，A_8 と A_{16} と A_{24} とが重なる。
線分が3重になることで正8角形ができる。

・$\arg w=\frac{\pi}{3}$ のとき，$\arg(w^6)=2\pi$ となる。

A_1 と A_7 と A_{13} と A_{19} と A_{25}，A_2 と A_8 と A_{14} と A_{20}，…，A_6 と A_{12} と A_{18} と A_{24} とが重なる。

線分が 4 重になることで正 6 角形ができる。

・$\arg w = \dfrac{\pi}{2}$ のとき，$\arg(w^4) = 2\pi$ となる。

A_1 と A_5 と A_9 と A_{13} と A_{17} と A_{21} と A_{25}，…，A_4 と A_8 と A_{12} と A_{16} と A_{20} と A_{24} とが重なる。

線分が 6 重になることで正方形ができる。

・$\arg w = \dfrac{2}{3}\pi$ のとき，$\arg(w^3) = 2\pi$ となる。

A_1 と A_4 と A_7 と A_{10} と A_{13} と A_{16} と A_{19} と A_{22} と A_{25}，…，A_3 と A_6 と A_9 と A_{12} と A_{15} と A_{18} と A_{21} と A_{24} とが重なる。

線分が 8 重になることで正 3 角形ができる。

よって，このような w の値は全部で [6] →**エ** 個である。

また，正多角形に内接する円上の点を z とすると，z は右図の位置にある。

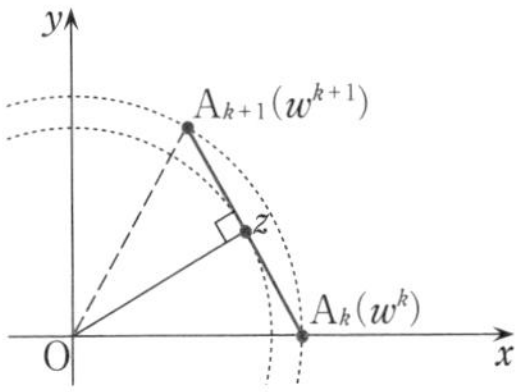

z は線分 A_kA_{k+1} $(1 \leqq k \leqq 24)$ の中点であるから

$$z = \frac{w^k + w^{k+1}}{2}$$

が成り立ち，両辺の絶対値をとると

$$|z| = \left|\frac{w^k + w^{k+1}}{2}\right| = \left|\frac{w^k(1+w)}{2}\right|$$

$$= \frac{|w^k||1+w|}{2} = \frac{|w|^k|w+1|}{2}$$

$$= \frac{|w+1|}{2} \quad (\because \ |w| = 1)$$

z はつねに $\boldsymbol{|z| = \dfrac{|w+1|}{2}}$ [⑥] →**オ** を満たす。

解説

> **ポイント**　ド・モアブルの定理
>
> $(\cos\theta + i\sin\theta)^n = \cos n\theta + i\sin n\theta$　（n は整数）

点 A_1，A_2，A_3，…，A_{20} を表示させると，w の値のとり方により，問題文の図 1，図 2，図 3 のような並びになる。

例えば，次の図 5 は w の偏角を $\dfrac{2}{11}\pi$，絶対値を $\dfrac{4}{5}$ と設定した

$w = \dfrac{4}{5}\left(\cos\dfrac{2}{11}\pi + i\sin\dfrac{2}{11}\pi\right)$ の場合に A_1，…，A_{10} を表示させたものであり，図 1 の

配列のタイプである。

図 6 は w の偏角を $\dfrac{80}{101}\pi$，絶対値を $\dfrac{31}{30}$ に設定した $w=\dfrac{31}{30}\left(\cos\dfrac{80}{101}\pi+i\sin\dfrac{80}{101}\pi\right)$ の場合に A_1，…，A_{10} を表示させたものであり，図 2 の配列のタイプである。

図 7 は w の偏角を $\dfrac{2}{5}\pi$，絶対値を 1 に設定した $w=\cos\dfrac{2}{5}\pi+i\sin\dfrac{2}{5}\pi$ の場合に A_1，…，A_{10} を表示させたものであり，図 3 の配列のタイプである。ここで，点が 5 個しか見えないのは，1 点が 2 重になっているからである。

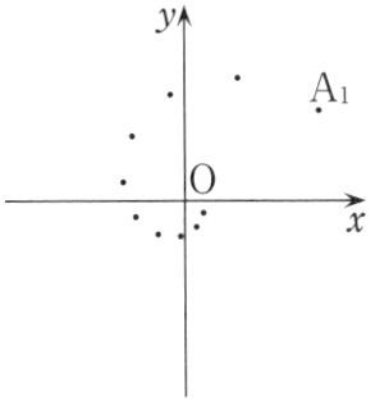

図 5

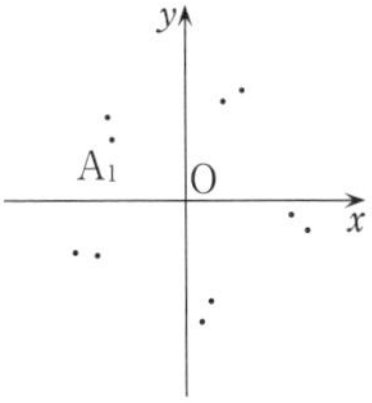

図 6

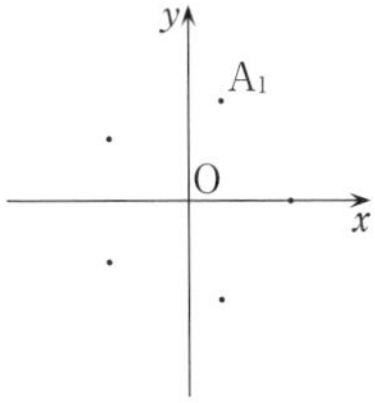

図 7

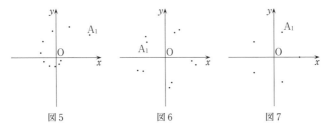

面倒ではあるが，計算して，このような点の配列を自分で作ってみると問題で問われていることがとてもよくわかる。計算しやすい絶対値，偏角を設定し，数個でいいので，手を動かして A_1，A_2，…と点をとっていってみよう。

複素数平面の問題では，w を $w=r(\cos\theta+i\sin\theta)$ のように絶対値 $|w|=r$ と偏角 $\arg w=\theta$ を用いて表すと，$x=r\cos\theta$，$y=r\sin\theta$ より，実際には xy 平面で処理していることと同じことになり，敷居は低くなるが，計算が面倒になる場合が多い。本問はこのように極形式に直さなくても簡単に計算処理できる問題なので，〔解答〕で示したように複素数をそのまま扱うことをお薦めしたい。

この分野では，他の分野よりも理解不十分な項目を抱えている人が多いように見受けられる。場合によると，理解不十分ということの自覚がないかもしれない。一度，複素数平面に関わる基本的な定義，定理や考え方を丁寧に一つ一つ確認しておくとよいだろう。

問題 9 ― 5 演習問題

オリジナル問題

θ は $0<\theta<\dfrac{\pi}{2}$ の範囲の実数とし，複素数 $z=\dfrac{1-\sin\theta+i\cos\theta}{1-\sin\theta-i\cos\theta}$ を考える。

(1) $z=$ ア $+i$ イ と表すことができる。

ア，イ の解答群（同じものを繰り返し選んでもよい。）

⓪ $\cos\theta$	① $\sin\theta$	② $\tan\theta$	③ $-\cos\theta$	④ $-\sin\theta$
⑤ $-\tan\theta$	⑥ $\dfrac{1}{\cos\theta}$	⑦ $\dfrac{1}{\sin\theta}$	⑧ $\dfrac{1}{\tan\theta}$	

(2) z の絶対値は ウ であり，正で最小のものとしてとった z の偏角は エ である。

エ の解答群

⓪ θ	① $\theta+\dfrac{\pi}{6}$	② $\theta+\dfrac{\pi}{4}$	③ $\theta+\dfrac{\pi}{3}$	④ $\theta+\dfrac{\pi}{2}$
⑤ $\theta+\dfrac{2\pi}{3}$	⑥ $\theta+\dfrac{3\pi}{4}$	⑦ $\theta+\dfrac{5\pi}{6}$	⑧ $\theta+\pi$	⑨ 2θ

(3) $\theta=\dfrac{\pi}{13}$ のとき，z^n が実数となる最小の正の整数を n とおくと $n=$ オカ であり，そのときの z^n の値は キ である。

キ の解答群

⓪ $\dfrac{1}{2}$	① 1	② $\sqrt{2}$	③ $\sqrt{3}$	④ 2	⑤ 3
⑥ $-\dfrac{1}{2}$	⑦ -1	⑧ $-\sqrt{2}$	⑨ $-\sqrt{3}$	ⓐ -2	ⓑ -3

問題 9 — 5　解答解説

解答記号	ア	イ	ウ	エ	オカ	キ
正　解	④	⓪	1	④	26	⑦
チェック						

《複素数の極形式とド・モアブルの定理》

(1)
$$z=\frac{1-\sin\theta+i\cos\theta}{1-\sin\theta-i\cos\theta}$$
$$=\frac{(1-\sin\theta+i\cos\theta)^2}{(1-\sin\theta)^2+\cos^2\theta}$$
$$=\frac{1+\sin^2\theta-2\sin\theta-\cos^2\theta+2(1-\sin\theta)i\cos\theta}{1-2\sin\theta+\sin^2\theta+\cos^2\theta}$$
$$=\frac{-2(1-\sin\theta)\sin\theta+2(1-\sin\theta)i\cos\theta}{2(1-\sin\theta)}$$
$$=\boldsymbol{-\sin\theta+i\cos\theta}$$ ④，⓪ →ア，イ

である。

(2) $z=\cos\left(\theta+\frac{\pi}{2}\right)+i\sin\left(\theta+\frac{\pi}{2}\right)$ と書けることから，z の絶対値は 1 →ウ であり，正で最小のものとしてとった z の偏角は $\boldsymbol{\theta+\frac{\pi}{2}}$ ④ →エ である。

(3) $\theta=\frac{\pi}{13}$ のとき

$$z=\cos\left(\frac{\pi}{13}+\frac{\pi}{2}\right)+i\sin\left(\frac{\pi}{13}+\frac{\pi}{2}\right)$$
$$=\cos\frac{15}{26}\pi+i\sin\frac{15}{26}\pi$$

であり，ド・モアブルの定理から

$$z^n=\cos\frac{15n}{26}\pi+i\sin\frac{15n}{26}\pi$$

である。これが実数となる条件は，虚部 $\sin\frac{15n}{26}\pi$ が 0 となること，つまり，$\frac{15n}{26}$ が整数となることである。それを満たす最小の正の整数 n は 26 であるので，z^n が

実数となる最小の正の整数 n は [26] →オカ であり，そのときの z^n の値は

$z^n=\cos 15\pi=-1$　[⑦]　→キ

である。

解説

複素数は $x+yi$（x，y は実数，i は虚数単位）の形で表される数である。x を実部，y を虚部という。また，$r(\cos\theta+i\sin\theta)$（$r>0$）の形を複素数の**極形式**といい，$r$ を絶対値，θ を偏角という。

複素数の四則演算（足し算，引き算，掛け算，割り算）においては，計算をする上での形が重要である。足し算，引き算は $x+yi$（x，y は実数）の形で，掛け算，割り算は極形式で行うことで見通しよく計算ができる。極形式での掛け算，割り算では

$$(\cos\alpha+i\sin\alpha)(\cos\beta+i\sin\beta)=\cos(\alpha+\beta)+i\sin(\alpha+\beta)$$

$$\frac{\cos\alpha+i\sin\alpha}{\cos\beta+i\sin\beta}=\cos(\alpha-\beta)+i\sin(\alpha-\beta)$$

が成り立つことを利用する。また，累乗の計算には，次のド・モアブルの定理が有用である。

ド・モアブルの定理

$$(\cos\theta+i\sin\theta)^n=\cos n\theta+i\sin n\theta \quad (n \text{ は整数})$$

極形式で掛け算，割り算を行うと，その計算の図形的な意味が理解できることも大切なポイントである。

本問では，$z=\dfrac{1-\sin\theta+i\cos\theta}{1-\sin\theta-i\cos\theta}$ で与えられた複素数を $x+yi$（x，y：実数）の形に変形することで，$z=-\sin\theta+i\cos\theta$ を得るが，これは z の極形式ではないことに注意しよう。これを極形式で表すには，$r\cos\varphi=-\sin\theta$，$r\sin\varphi=\cos\theta$ を満たす正の数 r と実数 φ を見出さなければならない。

$$r^2=(r\cos\varphi)^2+(r\sin\varphi)^2=(-\sin\theta)^2+(\cos\theta)^2=1$$

より，$r=1$ とわかる。すると，$\cos\varphi=-\sin\theta$，$\sin\varphi=\cos\theta$ を満たす φ を考えればよいが

$$\cos\left(\theta+\frac{\pi}{2}\right)=-\sin\theta,\quad \sin\left(\theta+\frac{\pi}{2}\right)=\cos\theta \quad \cdots\cdots(\bigstar)$$

が連想できれば，φ として $\theta+\dfrac{\pi}{2}$ がとれることがわかる。

あるいは，次のように考えてもよい。

$z=-\sin\theta+i\cos\theta=(\cos\theta+i\sin\theta)i$ とみて，i を掛ける計算を，極形式で

$\cos\dfrac{\pi}{2}+i\sin\dfrac{\pi}{2}$ を掛けるとみれば

$$z = (\cos\theta + i\sin\theta)\,i = (\cos\theta + i\sin\theta)\left(\cos\frac{\pi}{2} + i\sin\frac{\pi}{2}\right)$$

$$= \cos\left(\theta + \frac{\pi}{2}\right) + i\sin\left(\theta + \frac{\pi}{2}\right)$$

と z の極形式を得ることができる。

三角関数の公式（★）を等式

$$(\cos\theta + i\sin\theta)\,i = -\sin\theta + i\cos\theta$$

を連想することで理解しておくとよいであろう。

問題 9 ― 6 演習問題

オリジナル問題

花子さんは，祖父の遺産を相続するにあたり，祖父の遺言状に目を通していたところ，遺産がとある場所に埋蔵されていることを知った。さらに，遺言状には，その埋蔵されている場所についても，次のような記述があった。

遺言状にある記述

埋蔵金は家の裏にある山の平原のある場所に埋めてある。平原にまつられているお地蔵さんから，平原にある鳥居に向かって歩き，鳥居で右へ 90° 向きを変え，お地蔵さんの位置から鳥居までの距離だけさらに進んだところに杭 K_1 を打て。また，お地蔵さんから，平原にある大きな松に向かって歩き，そこで左へ 90° 向きを変え，お地蔵さんの位置から松の位置までの距離だけさらに進んだところに杭 K_2 を打て。遺産は杭 K_1 と杭 K_2 を結ぶ線分の中点の位置に埋蔵してある。

この記述を読んだ花子さんは，遺産を見つけようと思ったが，遺言状に書かれてあるお地蔵さんは，現在では市の文化館に移動され，当時まつられていた場所は不明であった。困惑した花子さんは，頼りがいのある親友の太郎さんに相談することにした。

花子：大昔にお地蔵さんがまつられていたそうなんだけど，その場所は誰も知らないみたいなんだ。鳥居と松の木は昔から同じ場所にあるんだけどね。

太郎：お地蔵さんのあった場所がわからないと，お地蔵さんから鳥居や松までの距離や，杭 K_1，K_2 を打つべき場所などはわからないね。

花子：そうなんだよ。それでどうしようかと悩んでいるんだ。

太郎：90° 回転ということを考えるなら，最近学習した複素数平面を用いて考えてみたらどうだろう。

花子：お地蔵さんの場所がわからないけど，それはどうするの？

太郎：一般性をもたせて，とりあえずは，どこにあってもよいような設定で計算を進めてみることにしようよ。

複素数平面上で，鳥居に対応する点を T(1)，大きな松に対応する点を M(−1)，杭 K_1 を打つべき位置に対応する点を $K_1(w_1)$，杭 K_2 を打つべき位置に対応する点を $K_2(w_2)$ とし，お地蔵さんのあった位置に対応する点を Z(z)，遺産が埋蔵されている位置に対応する点を A(α) とする。

このとき，z と w_1 との間には，関係式 ア が成り立ち，z と w_2 との間には，関係式 イ が成り立つ。

ア の解答群

⓪ $w_1-1=1-z$	① $w_1-1=i(1-z)$	② $w_1-1=z-1$
③ $w_1-1=i(z-1)$	④ $w_1+1=z+1$	⑤ $w_1+1=i(z+1)$
⑥ $w_1+1=-i(z+1)$		

イ の解答群

⓪ $w_2-1=1-z$	① $w_2-1=i(1-z)$	② $w_2-1=z-1$
③ $w_2-1=i(z-1)$	④ $w_2+1=z+1$	⑤ $w_2+1=i(z+1)$
⑥ $w_2+1=-i(z+1)$		

さらに，α，w_1，w_2 の間に関係式 ウ が成り立つことから，$\alpha=$ エ であることがわかる。

ウ の解答群

⓪ $\alpha=w_1+w_2$	① $\alpha=w_1-w_2$	② $\alpha=w_2-w_1$
③ $\alpha=\dfrac{w_1+w_2}{2}$	④ $\alpha=\dfrac{w_1-w_2}{2}$	⑤ $\alpha=\dfrac{w_2-w_1}{2}$
⑥ $\alpha=w_1w_2$	⑦ $\alpha=\dfrac{w_1w_2}{2}$	⑧ $\alpha=2w_1w_2$

エ の解答群

⓪ $z+1$	① $z-1$	② $z+i$	③ $z-i$	④ i	⑤ $-i$
⑥ $\dfrac{i}{2}$	⑦ $-\dfrac{i}{2}$	⑧ $2i$	⑨ $-2i$		

9－6

以上より，埋蔵された遺産は，［オ］位置にあることがわかる。

［オ］の解答群

⓪　鳥居から松に向かうちょうど真ん中の地点で 90° 右へ向きを変え，鳥居と松の間の距離の半分の距離だけ進んだ
①　鳥居から松に向かうちょうど真ん中の地点で 90° 左へ向きを変え，鳥居と松の間の距離の半分の距離だけ進んだ
②　鳥居から松に向かうちょうど真ん中の地点で 90° 右へ向きを変え，鳥居と松の間の距離と同じ距離だけ進んだ
③　鳥居から松に向かうちょうど真ん中の地点で 90° 左へ向きを変え，鳥居と松の間の距離と同じ距離だけ進んだ
④　鳥居から松に向かうちょうど真ん中の地点で 90° 右へ向きを変え，鳥居と松の間の距離の2倍の距離だけ進んだ
⑤　鳥居から松に向かうちょうど真ん中の地点で 90° 左へ向きを変え，鳥居と松の間の距離の2倍の距離だけ進んだ

問題 9 ― 6 解答解説

解答記号	ア	イ	ウ	エ	オ
正　解	③	⑥	③	⑤	①
チェック					

《複素数平面での回転》　会話設定

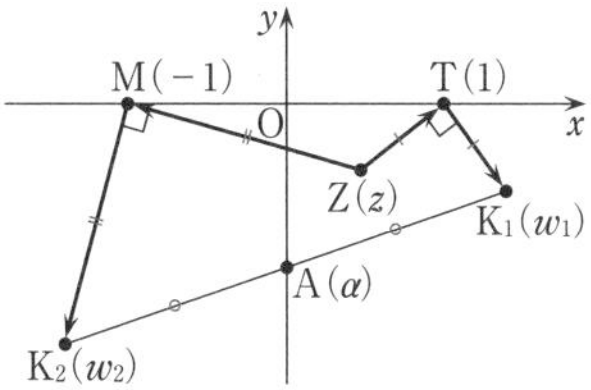

点 K_1 は点Tを中心に点Zを反時計回りに 90° 回転した位置にあることから

$\boldsymbol{w_1-1=i(z-1)}$　③　→ア

が成り立つ。

また，点 K_2 は点Mを中心に点Zを時計回りに 90° 回転した位置にあることから

$\boldsymbol{w_2+1=-i(z+1)}$　⑥　→イ

が成り立つ。

点Aは線分 K_1K_2 の中点であるので

$\boldsymbol{\alpha=\frac{w_1+w_2}{2}}$　③　→ウ

が成り立つ。

以上のことから

$$\alpha=\frac{w_1+w_2}{2}$$
$$=\frac{\{1+i(z-1)\}+\{-1-i(z+1)\}}{2}$$
$$=-i$$　⑤　→エ

が得られる。

α は z によらず $-i$ であることから，埋蔵された遺産は

鳥居から松に向かうちょうど真ん中の地点で 90° 左へ向きを変え，鳥居と松の間の距離の半分の距離だけ進んだ　①　→オ

位置にあることがわかる。

9-6

解 説

平面上での回転を扱うのに，複素数の掛け算が威力を発揮する。本問はその効用を実感することができる題材であり，理論物理学者ガモフが書いた『1，2，3…無限大』という本にある有名な話を現代風の設定に焼き直したものである。

一般に，複素数平面上での回転を扱う際には，次のことが重要である。

> 点A(α) が，点B(β) を中心として角 θ だけ反時計回りに回転して点C(γ) に移るとき
>
> $$\gamma-\beta=(\cos\theta+i\sin\theta)(\alpha-\beta)$$
>
> が成り立つ。

ベクトルの知識があると，$\overrightarrow{\mathrm{BC}}$ は $\overrightarrow{\mathrm{BA}}$ を θ だけ反時計回りに回転して得られると捉えることができ，$\overrightarrow{\mathrm{BC}}$ が複素数 $\gamma-\beta$ に，$\overrightarrow{\mathrm{BA}}$ が複素数 $\alpha-\beta$ に対応しており，反時計回りに θ だけ回転する操作は絶対値が1，偏角が θ の複素数 $\cos\theta+i\sin\theta$ を掛けることに対応していると理解することができる。

本問では，α を計算した結果，それが $-i$ という z によらない値となることから，お地蔵さんの位置がどこであったとしても，遺産の埋蔵された位置が特定できる。計算を実行してはじめてオチが理解できる内容である。